繪本風の不織布創作

可愛又華麗の

俄羅斯娃娃&動物玩偶

序……

我最喜歡色彩豐富的不織布了！
不織布可以隨意剪裁，是非常容易操作的布料。
所以運用不織布作出俄羅斯娃娃，
與各式各樣的可愛小玩偶，並不是件難事喔！
即使作出來的模樣與書中看來有點差異，
但是自己手工裁縫製作的小布偶，
真是怎麼看都可愛呢！
如果有看到喜歡的小布偶，就趕快動手作作看吧！
製作完成後一定會感覺很開心的，
製作過程本身就是一大樂趣喔！

Profile

北向邦子（插畫家＆手工藝作家）

除了從事雜誌與書籍的插畫製作之外，
也在手工藝MOOK雜誌上發表許多手工藝作品。
同時也舉辦講座，從事商品設計，
在各方面都非常活躍。
部落格「私の每日」也受到許多粉絲們的好評。
http://atelier5.exblog.jp/

Staff
編輯／高橋ひとみ　三城洋子
攝影／藤田律子
版面設計／小池佳代（レジア）
插畫／蓮見昌子

Contents

俄羅斯娃娃玩偶の20個可愛收藏！

我的作法
在P.38，
有詳細的
圖解説明喔！

身高8cm的俄羅斯娃娃排排站！
每個俄羅斯娃娃的頭巾和圍裙上的花樣都不同，
可愛又有特色。
挑個喜歡的造型，試著動手作作看吧！
把20個俄羅斯娃娃全部擺在櫃子上裝飾起來，是不是很賞心悅目呢！

No.1　No.2　No.3　No.4

我的圍裙上有雲朵和小鴨鴨喔！

Back style

自然風／小鳥・蘑菇・瓢蟲＆小鴨子的花樣裝飾

No.1 至 No.3　作法／P.41

No.4　作法／P.42

花朵風A／將綻放在原野的小花摘下來，貼花裝飾在圍裙上。

No.5・No.6 作法／P.42

No.7・No.8 作法／P.43

Back style

把花插在馬克杯中的模樣也不錯呢！

No.5　No.6　No.7　No.8

Back style

花朵風B／將喜愛的單朵小花裝飾在圍裙上。

No.9 作法／P.43

No.10・No.11 作法／P.44

No.12 作法／P.38（附有圖片教學）

No.9　No.10　No.11　No.12

水果風／把蘋果和櫻桃都變成圍裙裝飾吧！

No.**13** 作法／P.44

No.**14**至No.**16** 作法／P.45

甜點風／甜甜圈&花朵是充滿甜美香味的可愛裝飾喲！

No.**17**至No.**19** 作法／P.46

No.**20** 作法／P.47

相親相愛五姐妹 & 可愛の家

No.21

No.22　No.23　No.24　No.25　No.26

Back style

俄羅斯娃娃五姐妹中，大姐身高8cm，
最年幼的小妹則是5cm。
五姐妹的家有著可愛的紅色屋頂，
大小剛好可以容納五姐妹居住。
門窗與房屋外的四面牆壁都有不同的設計，
可以讓你發揮想像力，裝飾出你想要的獨特風格喲。

No.21 作法／P.48
No.22至No.26 作法／P.49

牆壁上掛著旗子、桌子鋪上格子桌布，今天是要慶祝誰的生日呢？

我們一起去散步吧！

三姐和四姐正在約家中的小妹妹一起去散步。

我們回來了！

打開屋頂可以看到大家相親相愛地「窩」在一起喔！

俄羅斯娃娃三姐妹の森林遠足

身穿黃色圍裙、映照著美麗紅花的俄羅斯娃娃三姐妹，

今天正準備去綠光森林遠足。

試著用花朵、果實，

作看看籐籃佈置吧！

籃子一點一點的編織＆裝飾著，

終於完成了！

No.27 作法／P.55

No.28至No.30 作法／P.56

No.31至No.33 作法／P.54

No.34 作法／P.55

No.35・No.36 作法／P.54

樹上甜美的果實，讓小鳥都聚集了過來⋯⋯

好大的蘑菇喔！可以吃嗎？

我們去摘好多好多的蘋果吧！

籃子中收穫滿滿！

俄羅斯城堡 & 閃亮の
俄羅斯娃娃三姐妹

俄羅斯的城堡有著很獨特的圓形屋頂，
那裡就是俄羅斯娃娃三姐妹的故鄉。
這一天，三姐妹們綁上閃亮簇新的圍巾回到了故鄉。
閃亮的蝴蝶也在藍天中來回飛舞，
開心迎接返回故鄉的三姐妹。

No.37至No.39 作法／P.57

No.40

No.37　　　No.38　　　No.39

Back style

非常時髦的圍裙背後
綁著大大的蝴蝶結。

No.40

No.41

No.40 作法／P.57
No.41 作法／P.55

蝴蝶和城堡作成胸針也很可愛喔！

好漂亮啊！
真想變成公主，
住在城堡裡面！

會不會有
王子呢？

月亮・星星・俄羅斯娃娃姐妹

今晚當月亮與星星躍入夜空閃耀光輝，
就是媽媽的說故事時間到了。
我們來拜託媽媽繼續說昨天還沒說完的故事吧！
如果能把星星和月亮搬到房間當作裝飾，該有多好！

No.42

No.43

No.44

No.42 作法／P.61

No.45

媽媽，還讀說昨天的
故事嗎？

幫俄羅斯娃娃姐妹們換上藍色的睡衣，配上草莓圖案的工作服。

No.43至No.45　作法／P.60

Back style

穿著甜甜圈圍裙の
小貓咪玩偶

穿著自豪的甜甜圈貼花圍裙，
俄羅斯小貓咪娃娃排排站。
圍著格子棉布圍巾的小貓咪們，
小巧精緻的模樣引人憐愛，
讓人忍不住想要
悄悄地擺到桌上或櫃子裡收藏！

No.46　作法／P.61
No.47至No.49　作法／P.18

No.46

No.47

No.48

No.49

亮晶晶的大眼睛配上豎立的三根小鬍鬚，小貓咪們真上相！

Back style

長長的尾巴
很有魅力吧！

小貓咪的身高大約是一個或一個半蘋果的高度。聽說比Kitty還小隻喔！

俄羅斯花兔子玩偶

身上貼縫著美麗的花朵，
真是充滿藝術美感的
俄羅斯花兔子娃娃。
長長的耳朵＆圓圓的尾巴，
配上溫暖的表情，
充滿了療癒的魅力！
脖子上再以花俏的棉線圍上一圈作裝飾吧！

No.50至No.52 作法／P.19

No.52

No.51

No.50

Back style

小灰兔・淺灰兔・大白兔

16

妳的圍裙和
我的花朵
都是黃色的耶
（笑）！

兔子娃娃和俄羅斯娃娃
湊在一起，
馬上就變成了相親相愛的朋友！

（俄羅斯娃娃請參照P.8的No.29）

溫柔的粉紅色是我最喜歡的顏色呢！

（俄羅斯娃娃請參照P.4的No.7）

瓢蟲的裝飾
剛剛好可以湊成一對！
8cm高的俄羅斯娃娃和兔子娃娃
身高幾乎是一樣的呢！

（俄羅斯娃娃請參照P.3的No.3）

材料

No.47
・不織布（淺黃色）長20cm寬10cm
　（白色）長7cm寬4cm
　（淺咖啡色・咖啡色・
　紅色・米白色）各少許
・25號繡線
　（與不織布同色的色線&深粉紅・黑色）
・直徑0.4cm的鈕釦2個（橘色）
・直徑1.5cm的蕾絲貼花 1個
・寬度0.3cm的水兵帶 50cm（紅色）
・格子布 長20cm寬2cm（斜切格）
・手工藝用棉花 適量
・厚紙板 少許

No.48
・不織布（粉紅色）長20cm寬18cm
　（白色）長8cm寬4cm
　（淺咖啡色・咖啡色・深粉紅色・
　米白色）各少許
・25號繡線（與不織布同色的色線&黑色）
・直徑0.4cm的鈕釦2個（黃綠色）
・直徑1.5cm的蕾絲貼花 1個
・寬度0.3cm的水兵帶 55cm（紅色）
・格子布 長22cm寬2cm（斜切格）
・手工藝用棉花 適量
・厚紙板 少許

No.49
・不織布（水藍色）長20cm寬20cm
　（白色）長9cm寬5cm
　（淺咖啡色・咖啡色・米白色）
　各少許
・25號繡線（與不織布同色的色線&
　深粉紅色・黑色・黃綠色・黃色）
・直徑0.6cm的鈕釦2個（橘色）
・直徑1.5cm的蕾絲貼花 1個
・寬度0.3cm的水兵帶 65cm（紅色）
・格子布長25cm寬2cm（斜切格）
・手工藝用棉花 適量
・厚紙板 少許

製作方法

1 在正面作出臉部表情&穿上圍裙。

2 將正面與背面兩片不織布對齊後縫合固定。

3 包住厚紙板後縫合底部。

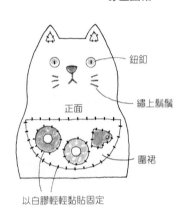
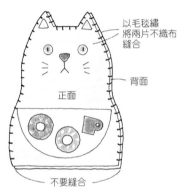
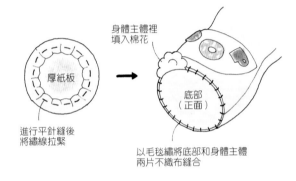

4 在圍裙邊上黏貼水兵帶。

No.47・30cm
No.48・35cm
No.49・40cm

5 縫合尾巴後，將尾巴連接在貓咪主體背面。

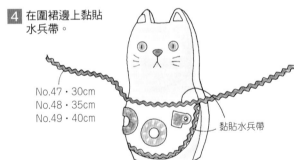

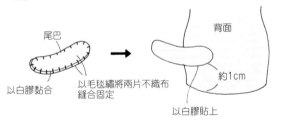

完成！

6 將布裁剪成長條狀後，圍在貓咪脖子上打個結。

No.47・20cm
No.48・22cm
No.49・25cm

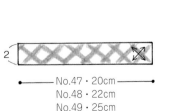

No.47

No.48

No.49

※除了特別指定之外，皆取1股繡線縫製。

材料

No.50
- 不織布（麻灰色）長20cm寬11cm
  （白色）長3cm寬3cm
  （綠色）長5cm寬4cm
  （淺黃色・黑色・紅色・
  咖啡色）各少許
- 25號繡線
  （與不織布同色的色線&白色）
- 直徑1.5cm的棉球1個（白色）
- 毛線 30cm
- 手工藝用棉花 適量
- 厚紙板 少許

No.51
- 不織布（灰色）長20cm寬15cm
  （粉紅色）長7cm寬4cm
  （深粉紅色）長3cm寬3cm
  （綠色）長7cm寬5cm
  （淺黃色・橘色・咖啡色）
  各少許
- 25號繡線
  （與不織布同色的色線&白色）
- 直徑1.5cm的棉球1個（白色）
- 毛線 40cm
- 手工藝用棉花 適量
- 厚紙板 少許

No.52
- 不織布（白色）長20cm寬20cm・
  長10cm寬10cm 各1片
  （淺黃色）長4cm寬4cm
  （綠色）長10cm寬5cm
  （咖啡色・紅色・水藍色・
  橘色）各少許
- 25號繡線（與不織布同色）
- 直徑1.5cm的棉球1個（白色）
- 毛線 45cm
- 手工藝用棉花 適量
- 厚紙板 少許

製作方法

1 作好前後兩面的裝飾。

繡出臉部表情
正面
以白膠輕輕黏貼後，
以立針縫固定。
No.50

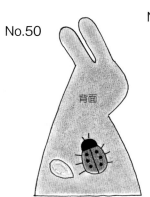

No.51
背面

No.51
背面

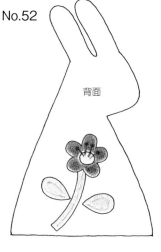

No.52
背面

2 將正面與背面兩片不織布對齊後縫合固定，加上底部。

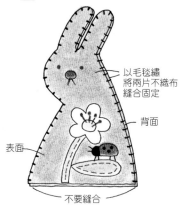

以毛毯繡
將兩片不織布
縫合固定
背面
表面
不要縫合

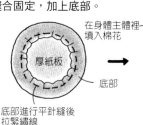

厚紙板
底部
底部進行平針縫後
拉緊繡線

在身體主體裡
填入棉花
底部
（表面）
以白膠黏貼棉球
以毛毯繡將底部和身體主體
兩片不織布縫合

完成！

3 在花兔脖子上
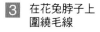
圍繞毛線

No.50
10

No.51
13.5

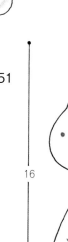

No.52
16
圍繞毛線

※除了特別指定之外，皆取1股繡線縫製。

au peintre, poète, musicien...

LUMIÈRE BLANCHE

No.53   No.54

No.55

可愛の俄羅斯娃娃玩偶

俄羅斯娃娃的製作方法相當簡單，
只要作好表面和底部兩片不織布就可以完成了。
不管是作成手機吊飾或包包吊飾，
俄羅斯娃娃三姐妹的大小都非常合適喔！

No.53至No.55 作法／P.66

Back style

雪人娃娃

可愛的雪人娃娃
圍上了圍巾，戴著手套。
雖然是扁身造型，
但是背面的模樣也相當精緻完整。
吊在樹上當作裝飾小玩偶，
不管是轉到正面或反面，都很好看喔！

No.56至No.58 作法／P.68

No.56　　　　　　No.57　　　　　　No.58

Back style

不織布＋一般布料
俏皮の兔子娃娃&小熊娃娃

以不織布搭配上水藍色格子棉布、素色麻布，
作出俏皮的兔子娃娃和&小熊娃娃吧！
純白的身體配上藍色&紅色的裝扮，
充滿海洋風味的俏皮雙人組登場囉！

No.59 作法／P.24

No.60 作法／P.25

No.59

No.60

Back style

不織布＋一般布料
時髦の小鳥娃娃

有著豐富色彩羽毛的時髦小鳥，
藍色的眼珠帶著異國的風情，
正踏著輕快的步伐準備出門逛街呢！

No.61・No.62 作法／P.70

No.61

No.62

原寸紙型請參照P.70

材料

- 不織布（蛋白色）長12cm寬20cm・2片
  （咖啡色、紅色）各少許
- 麻布・薄布襯　各長10cm寬8cm
- 格子布・長14cm寬14cm
- 25號繡線（白色・咖啡色）
- 手工藝用棉花 適量

裁布圖　在麻布背面燙上薄布襯後依圖裁剪

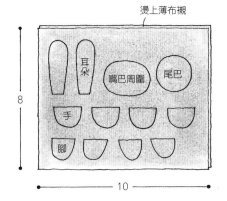

燙上薄布襯

耳朵　嘴巴周圍　尾巴

手

腳

8

10

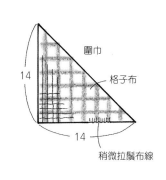

圍巾

格子布

14

14

稍微拉鬆布線

製作方法

1 在正面加上臉部表情和手腳、縫合耳朵的布。

2 在背面縫上尾巴與手腳。

3 將正面與背面兩片不織布縫合固定、填入棉花，並在脖子上圍上圍巾。

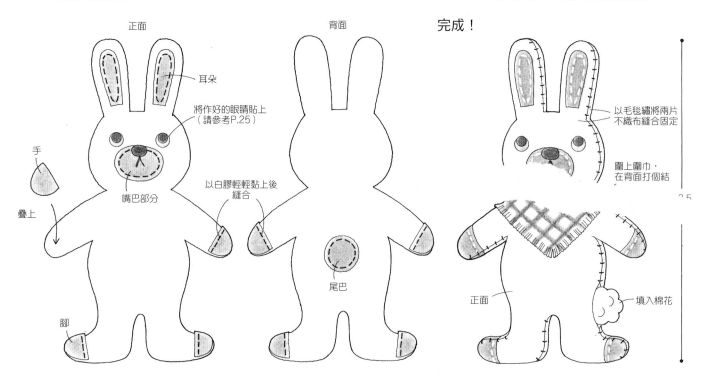

正面

耳朵

將作好的眼睛貼上（請參考P.25）

手

疊上

嘴巴部分

以白膠輕輕黏上後縫合

腳

背面

尾巴

完成！

以毛毯繡將兩片不織布縫合固定

圍上圍巾，在背面打個結

正面

填入棉花

25

旗子

原寸紙型請參照P.69

材料

- 不織布或其他布料皆可　適量
- 麻繩 40cm

製作方法

在留白黏貼處塗上白膠，夾入麻線貼合。

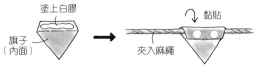

塗上白膠

旗子（內面）

黏貼

夾入麻繩

40cm

中心位置

間距0.5cm

※除了特別指定之外，皆取1股繡線縫製。

P.22 No.60 小熊娃娃

原寸紙型請參照P.69

材料

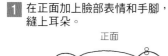

- ·不織布（蛋白色）長12cm寬15cm·2片
  （藍色）長6cm寬14cm
  （咖啡色）少許
- ·格子布·薄布襯 各長10cm寬5cm
- ·麻布·圓點布·圖案布標 各少許
- ·25號繡線（白色·紅色·咖啡色）
- ·手工藝用棉花 適量

裁布圖　在麻布背面燙上薄布襯後依圖裁剪

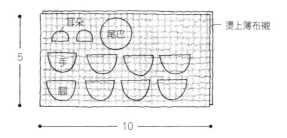

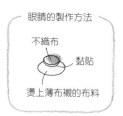

眼睛的製作方法

不織布
黏貼
燙上薄布襯的布料

製作方法

1 在正面加上臉部表情和手腳，縫上耳朵。

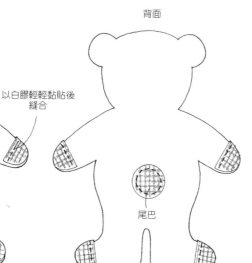

正面
以白膠輕輕黏貼後縫合
疊上

2 在背面縫上尾巴與手腳。

背面
尾巴

3 將正面與背面兩片不織布縫合固定，填入棉花。

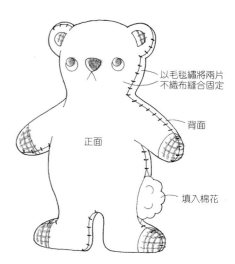

以毛毯繡將兩片不織布縫合固定
背面
正面
填入棉花

4 裁剪背心，拼接上圓點布口袋。

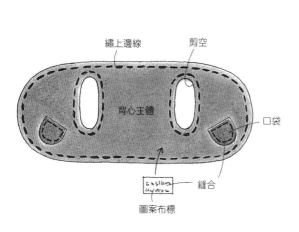

繡上邊線
剪空
背心主體
口袋
縫合
圖案布標

完成！

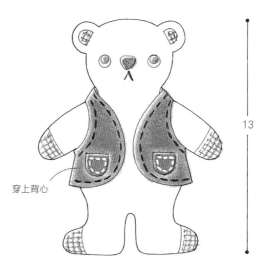

穿上背心

13

※除了特別指定之外，皆取1股繡線縫製。

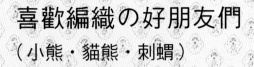

喜歡編織の好朋友們

（小熊・貓熊・刺蝟）

不停地滑動著手中的編織棒，挑選著一球球的毛線……
小熊、貓熊和刺蝟好像正十分熱中於編織的樂趣！
快集合不織布娃娃們，
演出一個如同繪本畫面般的可愛場景吧！

No.63 作法／P.28

No.64 作法／P.28

No.65 作法／P.29

貓熊妹妹的編織初挑戰。

小熊先生來幫忙編織黃色的圍巾。

但是在半途就放棄了！

接著小熊先生又開始編織起刺蝟弟弟選的紅色毛線……

Back style

No.66
No.67

No.66 作法／P.72
No.67 作法／P.29

P.26 No.63 小熊

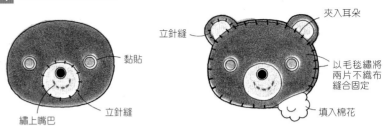

材料

- 不織布（黑色）長20cm寬12cm・2片
  （米白色）長5cm寬3cm
  （白色、藍色）各少許
- 25號繡線（黑色・米白色・紅色・蛋白色）
- 手工藝用棉花 適量

製作方法

1 在頭部加上臉部表情。

黏貼

繡上嘴巴　　立針縫

2 將耳朵夾入表面與背面兩片不織布
之間，縫合固定，再填入棉花。

夾入耳朵

立針縫

以毛毯繡將
兩片不織布
縫合固定

填入棉花

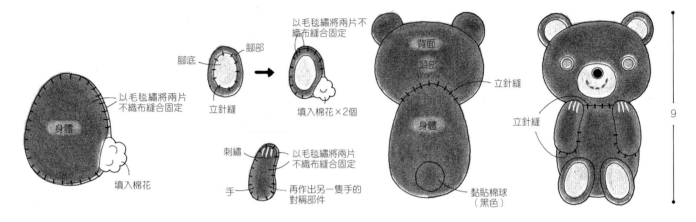

3 縫合身體，填入棉花。

以毛毯繡將兩片
不織布縫合固定

身體

填入棉花

4 縫製手腳，填入棉花。

腳部

腳底

立針縫

以毛毯繡將兩片不
織布縫合固定

填入棉花×2個

刺繡

手

以毛毯繡將兩片不
織布縫合固定

再作出另一隻手的
對稱部件

5 縫合頭部與身體。

背面
頭部

立針縫

身體

黏貼棉球
（黑色）

完成！

立針縫

立針縫

9

P.26 No.64 貓熊

材料

- 不織布（黑色）長12cm寬6cm
  （蛋白色）長13cm寬11cm
  （咖啡色・紅棕色・黃色
  淺粉紅色）各少許
- 25號繡線（蛋白色・黑色・紅色）
- 手工藝用棉花 適量

原寸紙型請參照P.71

製作方法與小熊玩偶相同。

黏貼

頭部

立針縫

繡上嘴巴

黏貼棉球
（黑色）

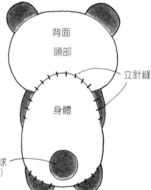

背面

頭部

立針縫

身體

完成！

9

小毛毯

材料

- 不織布（紅色）長10cm寬3.5cm
- 直徑1cm的鈕釦1個
- 25號繡線（白色）

製作方法

在不織布的兩端裁出
細條狀鬍邊並繡上邊線，
縫上鈕釦。

原寸紙型請參照P.71

縫上鈕釦

裁出條狀
鬍邊

繡上邊線

3.5

10

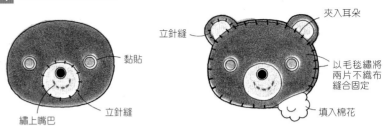

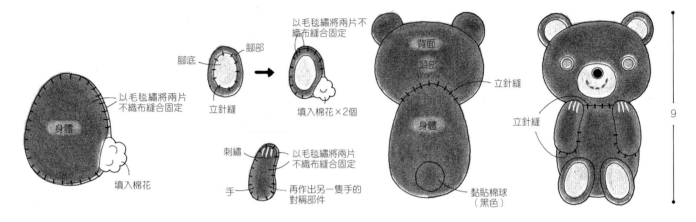

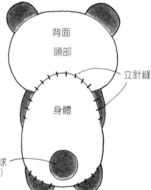

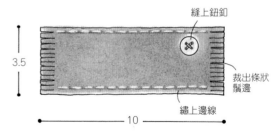

※除了特別指定之外，皆取1股繡線縫製。

P.26 No.65 刺蝟

材料

・不織布（紅棕色）長15cm寬5cm
　　　　　（奶油色）長7cm寬4cm
　　　　　（紅色・桃紅色・黃色・
　　　　　　咖啡色・蛋白色）各少許
・25號繡線（紅棕色・紅色・奶油色）
・手工藝用棉花 適量

製作方法

1 縫合身體和頭部，製作雙腳。

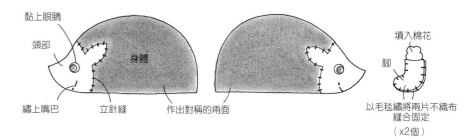

黏上眼睛
頭部
身體
繡上嘴巴
立針縫
作出對稱的兩面
填入棉花
腳
以毛毯繡將兩片不織布
縫合固定
（x2個）

2 將身體剪裁成鋸齒狀，夾入兩腳。

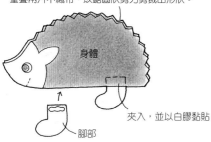

重疊兩片不織布，以鋸齒狀剪刀剪裁出形狀。
身體
夾入，並以白膠黏貼
腳部

3 將表面與背面兩片不織布縫合固定，
填入棉花。

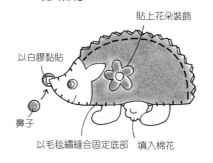

貼上花朵裝飾
以白膠黏貼
鼻子
以毛毯繡縫合固定底部　填入棉花

完成！

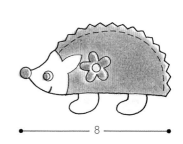

8

P.27 No.67 抱枕

原寸紙型請參照P.71

材料

・不織布（蛋白色）長10cm寬5cm
・花布 長11cm寬5cm
・25號繡線（紅色・銀色）
・手工藝用棉花 適量

製作方法

●不織布抱枕

繡好花樣，
將兩片不織布
對齊縫合固定，
填入棉花。

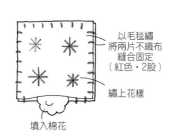

以毛毯繡
將兩片不織布
縫合固定
（紅色・2股）
繡上花樣
填入棉花

完成！

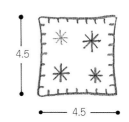

4.5

4.5

●布抱枕

抱枕布1片（花布）

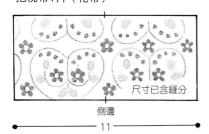

5
側邊
尺寸已含縫分
11

將花布正面相對，對摺後縫合，再翻回表面，填入棉花。

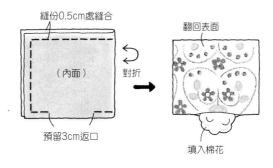

縫份0.5cm處縫合
（內面）
對折
翻回表面
預留3cm返口
填入棉花

完成！

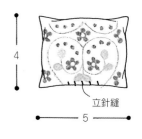

4
立針縫
5

※除了特別指定之外，皆取1股繡線縫製。

扁扁の可愛雜貨・I
小房子・泰迪熊・雨具……

小房子、泰迪熊、雨具……再加上手套，就是街上雜貨店裡的人氣商品。
試著作出這些可愛的扁平小物雜貨吧！
隨意組合這些小東西時充滿了樂趣，一個一個地單獨使用時也很可愛，
還可以作成胸針或是手機吊飾呢！

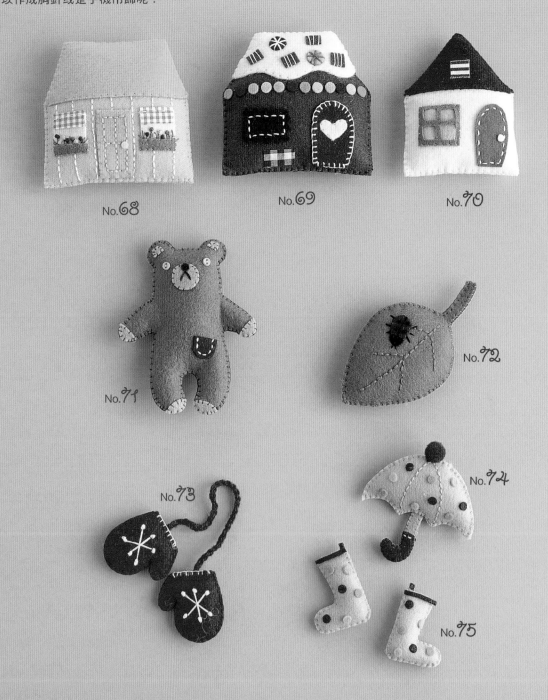

No.68

No.69

No.70

No.71

No.72

No.73

No.74

No.75

帶著手套，從紅色屋頂的房子外出的泰迪熊。

黃色的房子和水藍色的蝴蝶。
（蝴蝶請參照P.10的No.40）

搭配著雨傘和雨鞋的俄羅斯娃娃。
（俄羅斯娃娃請參照P.20的No.55）

葉子和小鳥
（小鳥請參照P.23的No.61）

扁扁の可愛雜貨・II
午茶時間の甜點

這裡有甜甜圈、杯子蛋糕、小餅乾和薑餅娃娃的甜點組合，
還有咖啡歐雷杯、牛奶瓶與下午茶湯匙餐具，
是不是把下午茶時間裝點得繽紛又歡樂呢？
你也忍不住想要動手作出各式各樣的可愛雜貨了吧！

No.76
No.77
No.78
No.81
No.82
No.80
No.79
No.86
No.87
No.83
No.84
No.85
No.88

Chocolat
BISCUIT

可以掛在聖誕樹上作裝飾的餅乾屋＆薑餅娃娃。

（餅乾屋請參照P.30的No.69）

烤得香噴噴的美味薑餅娃娃＆小餅乾。

咖啡歐雷杯、馬克杯……好多好多想要的食器！

甜甜圈搭配上P.26的貓熊妹妹＆小熊先生，大小剛剛好！

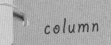

從俄羅斯風格中誕生的
娃娃工作室

北向老師的作品靈感大多來自國外的繪本與雜誌。
讓我們來為你介紹孕育出可愛的俄羅斯娃娃姐妹
與其他小玩偶們的北向老師工作室吧！

1　色彩非常漂亮的國外貼布繪本與玩偶製作
　　的書籍。我只要發現不錯的書，就會忍不
　　住上網購買。

2　俄羅斯手工藝品的木製俄羅斯娃娃。
　　就連最小隻的俄羅斯娃娃也都有穿上漂亮
　　的衣服呢！配色和花樣我都十分喜愛。

3　放信紙、信封的小套子和小壁掛裝飾。
　　是我最早手工製作的俄羅斯娃娃相關作
　　品。一開始製作的都是扁平型的貼花作
　　品，當時的俄羅斯娃娃表情也和現在的有
　　些不同。

4　最近的編織作品—戴著紅色貝雷帽的小熊
　　玩偶。我非常喜歡編織物！

5　讓我忍不住下手採買，充滿顏色和素材質
　　感魅力的外國進口毛線。該把它拿來編織
　　成什麼才好呢……

俄羅斯娃娃和小玩偶的使用方法 etc.

立體的俄羅斯娃娃和小玩偶除了可以直接當擺飾放在桌子上，
也可以當作是包包掛飾、手機吊飾，作為你外出時的小跟班喔！
把扁身的俄羅斯娃娃和小玩偶作成胸針當成禮物，收到的親朋好友一定會很開心！

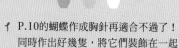

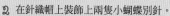

1　P.10的蝴蝶作成胸針再適合不過了！
　　同時作出好幾隻，將它們裝飾在一起
　　也很棒喔！

2　在針織帽上裝飾上兩隻小蝴蝶別針。

3　薑餅人不只是可以掛在樹上當裝飾，
　　也可以把它掛在包包上帶著走喔！

4　小小的俄羅斯娃娃變成手機吊飾了。

5　8cm的小小俄羅斯娃娃幾乎和一個小
　　玻璃杯一樣高。

6　20個小小俄羅斯娃娃集合了！它們正
　　在考慮要怎麼分隊伍。好像可以聽到
　　它們正在開心討論的聲音呢！

7　也有這種俄羅斯娃娃啊！想不到這個
　　俄羅斯娃娃居然是量杯，而且還可以
　　一層一層地收疊在一起喔！

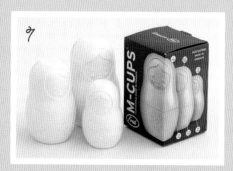

與P.2至P.5中裝飾在俄羅斯娃娃身上的貼花圖案相同。

P.4 No.12 試著動手作出小小的俄羅斯娃娃吧!

跟著俄羅斯娃娃作法的基本說明一步一步來!
原寸紙型請參照P.47

材料

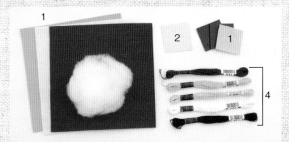

1　不織布（紅色）長15cm寬5cm
　　（白色）長7cm寬5cm
　　（黃色）長20cm寬10cm
　　（米白色）長4cm寬4cm
　　（綠色）長4cm寬2cm
　　（咖啡色）長4cm寬2cm
2　厚紙板／作為基底硬紙板用
3　手工藝棉花
4　25號繡線（與不織布同色）

工具

1　切割板／可以用舊雜誌代替
2　繡針·針座包／
　　選用8號繡針
3　直徑4cm打孔器／可作出
　　小小圓形。
4　剪刀
5　手工藝用白膠
6　竹籤／在沾黏白膠時使用

型紙

在與筆記本相同厚度的紙上畫出各個部位的紙型，如身體、圍巾、圍裙、頭髮、臉部、花朵、葉子、裝飾花樣等等，再裁剪下來。

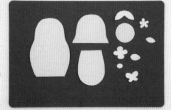

𝒻 裁剪不織布

1 在不織布上擺上紙型後，以原子筆描繪出形狀，再順著形狀輪廓裁剪。

2 小圓圈可以用打孔器直接製作。將不織布擺在裁切墊上，以大拇指按壓打孔器，就能作出需要的小圓點了。

3 裁剪出各個部位。底部不織布多加1cm，預留作為縮口縫份。

𝟤 縫合臉部&圍巾

1 頭髮稍微沾上白膠，黏貼到臉上。

2 在頭部圍巾上擺上臉部。

3 縫繡頭髮。請取1股繡線，縫線間隔約為2mm，將頭部圍巾和頭髮以立針縫細密地縫繡固定。

3 在臉部刺繡

1

請先以鉛筆作出眼睛位置的記號，再以結粒繡作出眼睛。縫針要從最下一層底部往表面出針。

2

把針按壓在眼睛的位置處，將繡線繞針三圈。

3

將縫針尖端連著繞圈的繡線，按壓在不織布上的眼睛位置處，拉直繡線、抽出縫針，接著再將針頭向下插回入針處，在背面將縫線拉出後打結完成。

4

以直線繡作出左右橫向約2mm的鼻子。

5

以竹籤在兩側臉頰上抹上一些白膠。

6

黏上腮紅。最後以直線繡作出左右橫向約4mm的嘴巴，臉部就製作完成囉！

4 縫合圍裙

1

在身體主體上放上圍裙，將針刺過圍裙與主體，以平針繡將圍裙縫合在身體主體上。

2

以白膠將花朵與葉子黏貼在圍裙上。

3

花朵上的繡紋使用較粗的縫線縫繡。將針刺過圍裙與主體，以立針縫將花朵和葉子縫合在圍裙上。

5 縫合圍巾

1

在頭部圍巾內面邊緣5mm以內的範圍內塗上白膠，貼到身體主體上。

2

將身體與圍裙的連接處以立針縫縫合。

正面　　　　背面

3

表面和背面都以同樣的方法製作。

6 縫合正面&背面兩片不織布

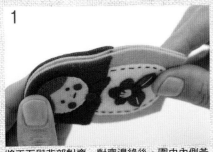

1

將正面與背部對齊。對齊邊緣後，圍巾內側黃色的身體會被看見，所以稍微修剪一下吧！

2

就像這樣，修剪身體主體內裡2mm至3mm。

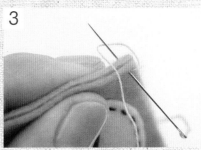

3

由下往上開始以毛毯繡縫製。

4

每繡一針就必須將繡線往上提拉，再繼續下一針的縫繡。

5

身體主體縫合完成。縫線與縫線之間的間隔約2mm。

6

圍巾請改以紅色繡線來縫製。除了底部之外，所有的部分都必須要縫合。

7 縫合底部

1

填入手工藝棉花。輕輕地將棉花慢慢填入身體裡面，可別塞得太多，俄羅斯娃娃會吃不消喔！

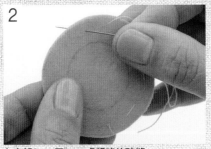

2

在底部3mm至4mm處粗略的疏縫。

3

將不含縫份的厚紙板直接將放在底部不織布上，拉緊繡線，讓底部不織布包住厚紙板。

4

身體與底部以毛毯繡連結縫合。

5

底部縫合完成。最後在頭髮上以白膠貼上花朵。

完成！

正面　　　　背面

製作方法請參照P.47

原寸貼花圖樣

[材料] 自然風俄羅斯娃娃

- 不織布（藍色）長12cm寬5cm
  （蛋白色）長18cm寬10cm
  （米白色）長4cm寬4cm
  （咖啡色）長4cm寬2cm
  （黃色）長3cm寬2cm
  （紅色）少許
- 25號繡線（與不織布同色）
- 0.8cm的花邊緞帶 12cm（紅色）
- 格子布・薄布襯 各長6cm寬6cm
- 厚紙板 少許
- 手工藝用棉花 適量

製作方法請參照P.38

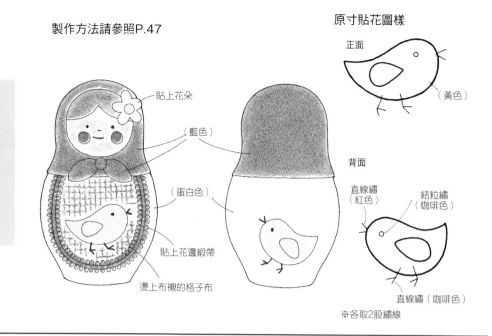

貼上花朵
（藍色）
（蛋白色）
貼上花邊緞帶
燙上布襯的格子布

正面
（黃色）

背面
直線繡（紅色）
結粒繡（咖啡色）
直線繡（咖啡色）
※各取2股繡線

P.3 No.2 自然風俄羅斯娃娃

[材料]

- 不織布（橘色）長12cm寬5cm
  （水藍色）長18cm寬10cm
  （米白色）長4cm寬4cm
  （咖啡色）長4cm寬2cm
  （紅色・蛋白色・綠色・
  白色・黃色）各少許
- 25號繡線（與不織布同色）
- 0.8cm寬的花邊緞帶 12cm（黃綠色）
- 麻布・薄布襯 各長6cm寬6cm
- 厚紙板 少許
- 手工藝用棉花 適量

製作方法請參照P.38

製作方法請參照P.47

原寸貼花圖樣

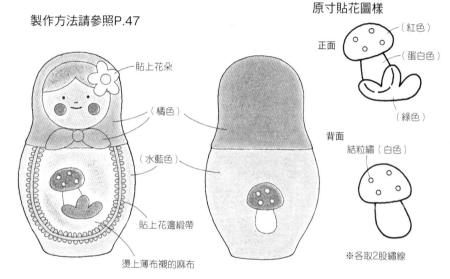

貼上花朵
（橘色）
（水藍色）
貼上花邊緞帶
燙上薄布襯的麻布

（紅色）
正面
（蛋白色）
（綠色）

背面
結粒繡（白色）
※各取2股繡線

P.3 No.3 自然風俄羅斯娃娃

[材料]

- 不織布（天空藍）長12cm寬5cm
  （水藍色）長18cm寬10cm
  （米白色）長4cm寬4cm
  （咖啡色）長4cm寬2cm
  （紅色・黑色・黃色・白色）
  各少許
- 25號繡線（與不織布同色）
- 0.3cm寬的水兵帶 12cm（紅色）
- 格子布・薄布襯 各長6cm寬6cm
- 直徑1.2cm的花型鈕釦 1個
- 市售蝴蝶結裝飾1個
- 厚紙板 少許
- 手工藝用棉花 適量

製作方法請參照P.38

製作方法請參照P.47

原寸貼花圖樣

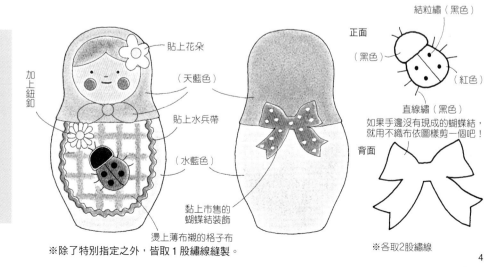

貼上花朵
加上鈕釦
（天藍色）
貼上水兵帶
（水藍色）
黏上市售的蝴蝶結裝飾
燙上薄布襯的格子布

結粒繡（黑色）
正面
（黑色）
（紅色）
直線繡（黑色）
如果手邊沒有現成的蝴蝶結，就用不織布依圖樣剪一個吧！
背面

※除了特別指定之外，皆取1股繡線縫製。

※各取2股繡線

P.3 No.4 自然風俄羅斯娃娃　製作方法請參照P.47

材料

・不織布（紅色）長12cm寬5cm
　　　　（白色）長18cm寬10cm
　　　　（米白色）長4cm寬4cm
　　　　（咖啡色）長4cm寬2cm
　　　　（黃色）長3cm寬2cm
　　　　（芥黃色・水藍色）各少許
・25號繡線
　（與不織布同色的色線 & 橘色・藍色）
・0.8cm寬的花邊緞帶 12cm（白色）
・格子布・薄布襯 各長10cm寬6cm
・直徑0.5cm的鈕釦1個
・厚紙板 少許
・手工藝用棉花 適量

製作方法請參照P.38

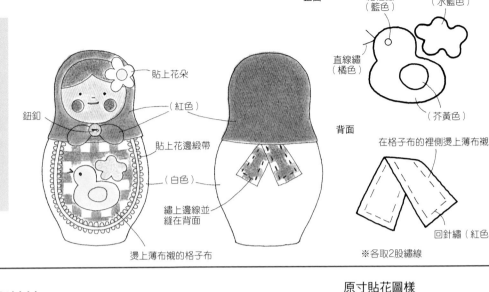

原寸貼花圖樣

正面
結粒繡（藍色）
（水藍色）
直線繡（橘色）
（芥黃色）

背面
在格子布的裡側燙上薄布襯
回針繡（紅色）
※各取2股繡線

貼上花朵
（紅色）
貼上花邊緞帶
（白色）
繡上邊線並縫在背面
燙上薄布襯的格子布

P.4 No.5 花朵風A・俄羅斯娃娃　製作方法請參照P.47

材料

・不織布（桃紅色）長12cm寬5cm
　　　　（粉紅色）長18cm寬10cm
　　　　（白色）長5cm寬5cm
　　　　（米白色）長4cm寬4cm
　　　　（咖啡色）長4cm寬2cm
　　　　（芥黃色・水藍色・抹茶綠
　　　　　紅色）各少許
・25號繡線（與不織布同色）
・直徑0.5cm的鈕釦1個
・厚紙板 少許
・手工藝用棉花 適量

製作方法請參照P.38

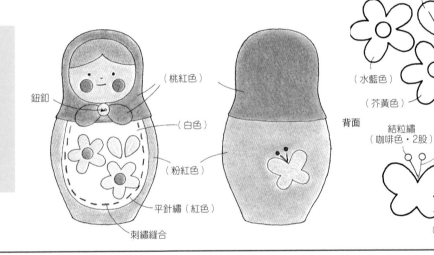

原寸貼花圖樣

正面
（抹茶綠）
直線繡（白色・1股）
（水藍色）
（芥黃色）
（桃紅色）

背面
結粒繡（咖啡色・2股）
直線繡（咖啡色・2股）
（水藍色）

鈕釦
（桃紅色）
（白色）
（粉紅色）
平針繡（紅色）
刺繡縫合

P.4 No.6 花朵風A・俄羅斯娃娃　製作方法請參照P.47

材料

・不織布（天空藍）長12cm寬5cm
　　　　（淺粉色）長18cm寬10cm
　　　　（米白色）長4cm寬4cm
　　　　（咖啡色）長4cm寬2cm
　　　　（紅色・黃色・綠色・黃綠色）
　　　　　各少許
・25號繡線（與不織布同色）
・0.5cm寬的水兵帶 12cm（粉紅色）
・格子布・薄布襯 各長6cm寬6cm
・厚紙板 少許
・手工藝用棉花 適量

製作方法請參照P.38

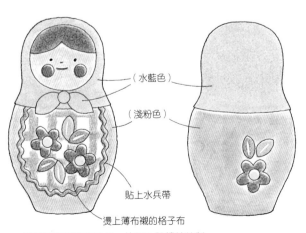

原寸貼花圖樣

正面（黃色）
直線繡（白色・1股）
（水藍色）
（淺粉色）
（紅色）

背面
（綠色）
（黃綠色）

（紅色）

貼上水兵帶
燙上薄布襯的格子布

※除了特別指定之外，皆取1股繡線縫製。

P.4 No.7 花朵風B・俄羅斯娃娃

製作方法請參照P.47

原寸貼花圖樣

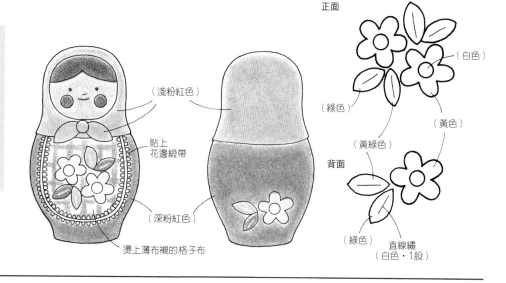

・不織布（淺粉紅色）長12cm寬5cm
　（深粉紅色）長18cm寬10cm
　（米白色）長4cm寬4cm
　（咖啡色）長4cm寬2cm
　（黃色・白色・黃綠色
　　綠色・紅色）各少許
・25號繡線（與不織布同色）
・0.8cm寬的花邊緞帶 12cm（白色）
・格子布・薄布襯 各長6cm寬6cm
・厚紙板 少許
・手工藝用棉花 適量

製作方法請參照P.38

（淺粉紅色）

貼上
花邊緞帶

（深粉紅色）

燙上薄布襯的格子布

正面

（白色）

（綠色）

（黃色）

（黃綠色）

背面

（綠色）

直線繡
（白色・1股）

P.4 No.8 花朵風B・俄羅斯娃娃

製作方法請參照P.47

原寸貼花圖樣

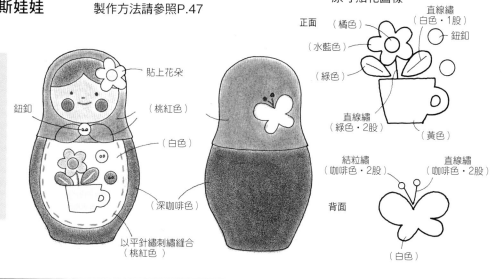

・不織布（桃紅色）長12cm寬5cm
　（深咖啡色）長18cm寬10cm
　（白色）長7cm寬5cm
　（米白色）長4cm寬4cm
　（咖啡色）長4cm寬2cm
　（紅色・黃色・水藍色
　　橘色・綠色）各少許
・25號繡線（與不織布同色）
・直徑0.3cm的鈕釦3個
・厚紙板 少許
・手工藝用棉花 適量

製作方法請參照P.38

貼上花朵

鈕釦

（桃紅色）

（白色）

（深咖啡色）

以平針繡刺繡縫合
（桃紅色）

正面

（橘色）

（水藍色）

（綠色）

直線繡
（白色・1股）

鈕釦

直線繡
（綠色・2股）

（黃色）

背面

結粒繡
（咖啡色・2股）

直線繡
（咖啡色・2股）

（白色）

P.4 No.9 花朵風B・俄羅斯娃娃

製作方法請參照P.47

原寸貼花圖樣

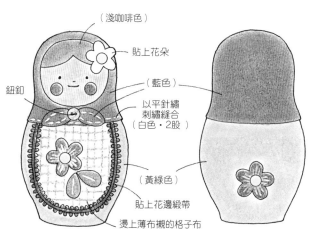

・不織布（藍色）長12cm寬5cm
　（黃綠色）長18cm寬10cm
　（米白色）長4cm寬4cm
　（咖啡色）長4cm寬2cm
　（紅色・白色・黃色・綠色）
　　各少許
・25號繡線（與不織布同色）
・0.8cm寬的花邊緞帶 12cm（紅色）
・格子布・薄布襯 各長6cm寬6cm
・直徑0.5cm的鈕釦 1個
・厚紙板 少許
・手工藝用棉花 適量

製作方法請參照P.38

（淺咖啡色）

貼上花朵

（藍色）

鈕釦

以平針繡
刺繡縫合
（白色・2股）

（黃綠色）

貼上花邊緞帶

燙上薄布襯的格子布

正面

（紅色）

（黃色）

（綠色）

直線繡（白色・1股）

背面

（紅色）

※除了特別指定之外，皆取1股繡線縫製。

P.4 No.10 花朵風B・俄羅斯娃娃

製作方法請參照P.47

原寸貼花圖樣

- 不織布（紅色）長12cm寬5cm
  （黃色）長18cm寬10cm
  （藍色）長5cm寬5cm
  （米白色）長4cm寬4cm
  （咖啡色）長4cm寬2cm
  （白色）長5cm寬3cm
  （綠色）少許
- 25號繡線（與不織布同色）
- 0.8cm寬的花邊緞帶 12cm（白色）
- 厚紙板 少許
- 手工藝用棉花 適量

製作方法請參照P.38

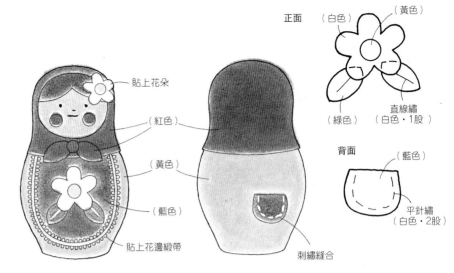

貼上花朵
（紅色）
（黃色）
（藍色）
貼上花邊緞帶
刺繡縫合

正面
（白色）（黃色）
（綠色）
直線繡
（白色・1股）

背面
（藍色）
平針繡
（白色・2股）

P.4 No.11 花朵風B・俄羅斯娃娃

製作方法請參照P.47

原寸貼花圖樣

- 不織布（亮黃色）長12cm寬5cm
  （黃綠色）長18cm寬10cm
  （米白色）長4cm寬4cm
  （咖啡色）長4cm寬2cm
  （橘色・水藍色・綠色・紅色）
  各少許
- 25號繡線（與不織布同色）
- 0.8cm寬的花邊緞帶 12cm（紅色）
- 條紋布・薄布襯 各長6cm寬6cm
- 直徑0.5cm的鈕釦1個
- 厚紙板 少許
- 手工藝用棉花 適量

製作方法請參照P.38

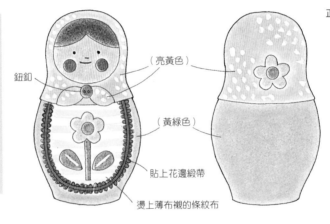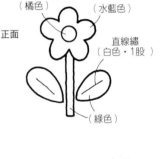

鈕釦
（亮黃色）
（黃綠色）
貼上花邊緞帶
燙上薄布襯的條紋布

正面
（橘色）（水藍色）
直線繡
（白色・1股）
（綠色）

背面
（橘色）（水藍色）

P.5 No.13 水果風俄羅斯娃娃

製作方法請參照P.47

原寸貼花圖樣

- 不織布（深綠色）長12cm寬5cm
  （奶油色）長18cm寬10cm
  （米白色）長4cm寬4cm
  （咖啡色）長4cm寬2cm
  （紅色）長3cm寬3cm
  （黃色・白色）各少許
- 25號繡線（與不織布同色）
- 0.5cm寬的水兵帶 12cm（深綠色）
- 圓點布・薄布襯 各長6cm寬6cm
- 直徑0.6cm的鈕釦1個
- 厚紙板 少許
- 手工藝用棉花 適量

製作方法請參照P.38

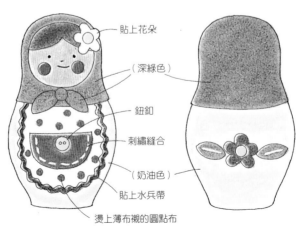

貼上花朵
（深綠色）
鈕釦
刺繡縫合
（奶油色）
貼上水兵帶
燙上薄布襯的圓點布

正面
（紅色）鈕釦
平針繡（白色・2股）

背面
（紅色）（黃色）
（深綠色）
直線繡
（白色・1股）

※除了特別指定之外，皆取1股繡線縫製。

P.5 No.14 水果風俄羅斯娃娃　製作方法請參照P.47　原寸貼花圖樣

材料

- 不織布（黃綠色）長12cm寬5cm
  （桃紅色）長18cm寬10cm
  （米白色）長4cm寬4cm
  （咖啡色）長4cm寬2cm
  （白色）長5cm寬5cm
  （黃色・紅色）各少許
- 25號繡線（與不織布同色）
- 條紋布・圖樣布標 各少許
- 厚紙板 少許
- 手工藝用棉花 適量

製作方法請參照P.38

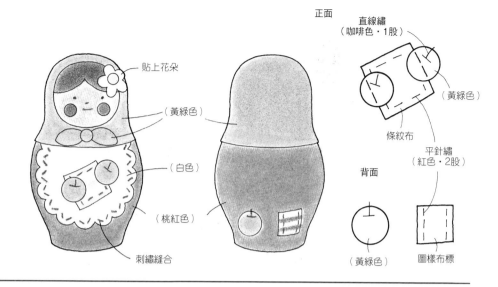

貼上花朵

（黃綠色）

（白色）

（桃紅色）

刺繡縫合

正面

直線繡（咖啡色・1股）

（黃綠色）

條紋布

平針繡（紅色・2股）

背面

（黃綠色）

圖樣布標

P.5 No.15 水果風俄羅斯娃娃　製作方法請參照P.47　原寸貼花圖樣

材料

- 不織布（朱紅色）長15cm寬5cm
  （黃綠色）長18cm寬10cm
  （米白色）長4cm寬4cm
  （咖啡色）長4cm寬2cm
- 25號繡線（與不織布同色）
- 麻布・薄布襯 各長6cm寬6cm
- 格子布・圖樣布標 適量
- 0.9mm寬的水兵帶 12cm（紅色）
- 厚紙板 少許
- 手工藝用棉花 適量

製作方法請參照P.38

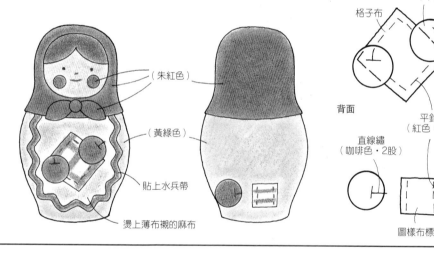

（朱紅色）

（黃綠色）

貼上水兵帶

燙上薄布襯的麻布

正面

格子布

（朱紅色）

背面

平針繡（紅色・2股）

直線繡（咖啡色・2股）

圖樣布標

P.5 No.16 水果風俄羅斯娃娃　製作方法請參照P.47　原寸貼花圖樣

材料

- 不織布（桃紅色）長12cm寬5cm
  （祖母綠）長18cm寬10cm
  （白色）長5cm寬5cm
  （米白色）長4cm寬4cm
  （咖啡色）長4cm寬2cm
  （黃色・紅色）各少許
- 25號繡線（與不織布同色）
- 直徑1.2cm的花型鈕釦1個
- 厚紙板 少許
- 手工藝用棉花 適量

製作方法請參照P.38

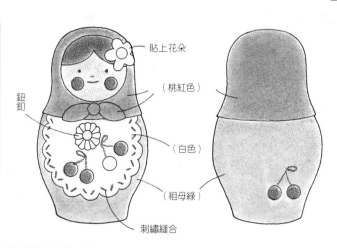

貼上花朵

（桃紅色）

鈕釦

（白色）

（祖母綠）

刺繡縫合

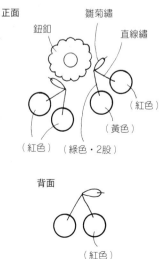

正面

鈕釦

雛菊繡

直線繡

（紅色）

（黃色）

（紅色）　（綠色・2股）

背面

（紅色）

※除了特別指定之外，皆取1股繡線縫製。

P.5 No.17 甜點風俄羅斯娃娃

製作方法請參照P.47

材料

・不織布（黃色）長12cm寬5cm
　　　　（水藍色）長18cm寬10cm
　　　　（米白色）長4cm寬4cm
　　　　（咖啡色）長4cm寬2cm
　　　　（淺咖啡色・桃紅色・紅色）
　　　　各少許
・25號繡線
　（與不織布同色的色線 & 白色）
・條紋布・薄布襯 各長6cm寬6cm
・0.5cm寬的水兵帶 12cm（水藍色）
・厚紙板・圖樣布標 各少許
・手工藝用棉花 適量

製作方法請參照P.38

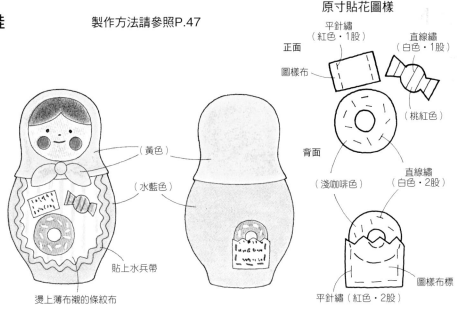

（黃色）

（水藍色）

貼上水兵帶

燙上薄布襯的條紋布

正面

圖樣布

平針繡（紅色・1股）

直線繡（白色・1股）

（桃紅色）

背面

（淺咖啡色）

直線繡（白色・2股）

圖樣布標

平針繡（紅色・2股）

P.5 No.18 甜點風俄羅斯娃娃

製作方法請參照P.47

材料

・不織布（粉紅色）長12cm寬5cm
　　　　（蛋白色）長18cm寬10cm
　　　　（米白色）長4cm寬4cm
　　　　（咖啡色）長4cm寬2cm
　　　　（淺粉紅色）長5cm寬5cm
　　　　（淺米白色・淺咖啡色
　　　　深粉紅色・紅色）各少許
・25號繡線
　（與不織布同色的色線&淺黃色・藍色）
・直徑0.4cm的鈕釦2個
・厚紙板・圖樣布標 各少許
・手工藝用棉花 適量

製作方法請參照P.38

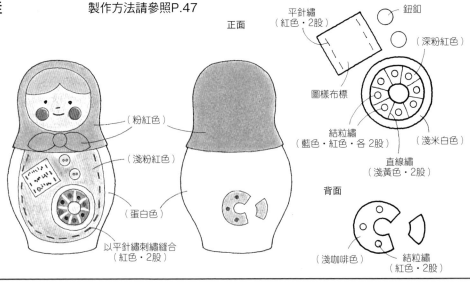

（粉紅色）

（淺粉紅色）

（蛋白色）

以平針繡刺繡縫合（紅色・2股）

正面

平針繡（紅色・2股）

鈕釦

（深粉紅色）

圖樣布標

結粒繡（藍色・紅色・各2股）

（淺米白色）

直線繡（淺黃色・2股）

背面

（淺咖啡色）

結粒繡（紅色・2股）

P.5 No.19 甜點風俄羅斯娃娃

製作方法請參照P.47

材料

・不織布（水藍色）長12cm寬5cm
　　　　（蛋白色）長18cm寬10cm
　　　　（米白色）長4cm寬4cm
　　　　（咖啡色）長4cm寬2cm
　　　　（黃色・綠色・紅色）各少許
・25號繡線
　（與不織布同色的色線&深藍色）
・0.8cm寬的花邊緞帶 12cm（綠色）
・麻布・薄布襯 各長6cm寬6cm
・直徑0.5cm的鈕釦1個
・厚紙板・圖樣布標 各少許
・手工藝用棉花 適量

製作方法請參照P.38

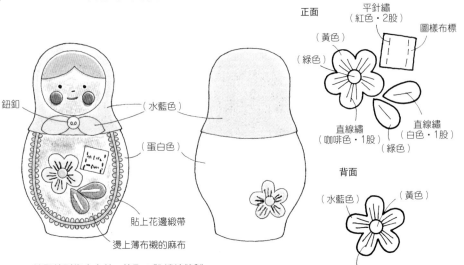

鈕釦

（水藍色）

（蛋白色）

貼上花邊緞帶

燙上薄布襯的麻布

正面

平針繡（紅色・2股）

圖樣布標

（黃色）

（綠色）

直線繡（咖啡色・1股）

直線繡（白色・1股）

（綠色）

背面

（水藍色）

（黃色）

直線繡（深藍色・1股）

※除了特別指定之外，皆取1股繡線縫製。

材料

- 不織布（紫色）長12cm寬5cm
  （深藍色）長18cm寬10cm
  （米白色）長4cm寬4cm
  （咖啡色）長4cm寬2cm
  （黃色・紅色・綠色）各少許
- 25號繡線
  （與不織布同色的色線&白色）
- 麻布・薄布襯 各長6cm寬6cm
- 0.8cm寬的花邊緞帶 12cm（綠色）
- 直徑0.4cm鈕釦3個
- 厚紙板 少許
- 手工藝用棉花 適量

製作方法請參照P.38

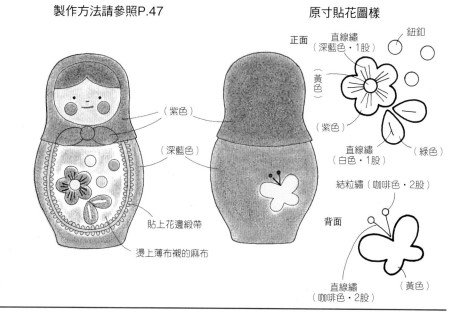

（紫色）
（深藍色）
貼上花邊緞帶
燙上薄布襯的麻布

正面
直線繡（深藍色・1股）
鈕釦
（黃色）
（紫色）
直線繡（白色・1股）
（綠色）
結粒繡（咖啡色・2股）
背面
直線繡（咖啡色・2股）
（黃色）

No.1至No.20 原寸紙型

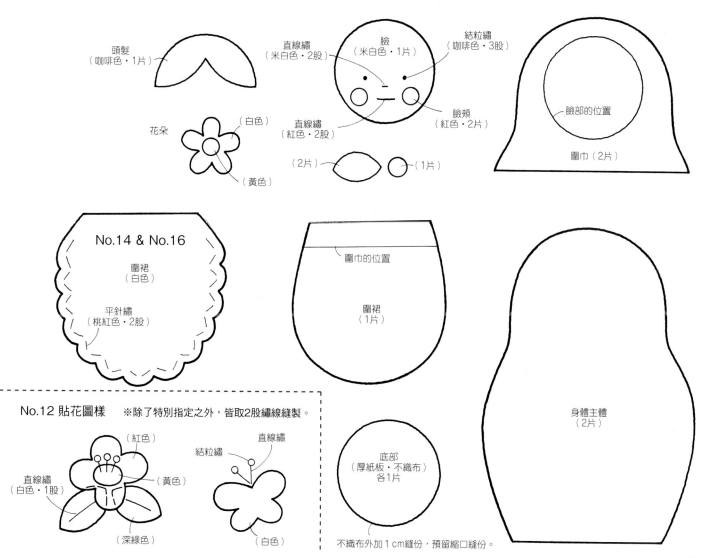

頭髮（咖啡色・1片）

直線繡（米白色・2股）
臉（米白色・1片）
結粒繡（咖啡色・3股）

花朵
（白色）
（黃色）

直線繡（紅色・2股）
臉頰（紅色・2片）

（2片）
（1片）

臉部的位置
圍巾（2片）

No.14 & No.16
圍裙（白色）
平針繡（桃紅色・2股）

圍巾的位置
圍裙（1片）

No.12 貼花圖樣　※除了特別指定之外，皆取2股繡線縫製。

（紅色）
直線繡
結粒繡
直線繡（白色・1股）
（黃色）
（深綠色）
（白色）

底部（厚紙板・不織布）各1片

身體主體（2片）

不織布外加1cm縫份，預留縮口縫份。

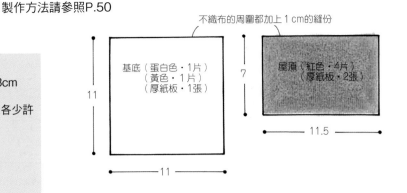

不織布的周圍都加上1cm的縫份

基底（蛋白色·1片）（黃色·1片）（厚紙板·1張）

11　11

屋頂（紅色·4片）（厚紙板·2張）

7　11.5

材料

・不織布（蛋白色）長20cm寬20cm·5片
　（紅色）長20cm寬20cm　（淺咖啡色）長13cm寬13cm
　（黃色）長15cm寬13cm　（咖啡色）長4cm寬2cm
　（薄荷綠·奶油色·黃綠色·天空藍·深綠色·綠色）各少許
・25號繡線（與不織布同色）
・麻布·格子布·條紋布·圓點布 各適量
・1.8cm·1.5cm的蕾絲貼花各1個
・厚紙板 長35cm寬30cm
・描圖紙 長12cm寬5cm
・0.3mm寬的水兵帶12cm（白色）
・1.5cm寬的蕾絲緞帶12cm

製作方法

1 在前側與背面的牆壁上裝飾貼花圖樣後刺繡。

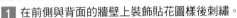
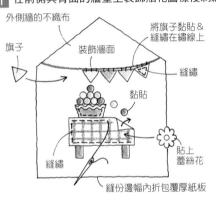

外側牆的不織布
旗子
裝飾牆面
將旗子黏貼＆縫繡在繡線上
縫繡
黏貼
縫繡
貼上蕾絲花
縫份邊幅內折包覆厚紙板

2 將厚紙板包住後縫繡，再放上內側的不織布蓋住厚紙板，縫合固定。

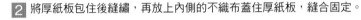
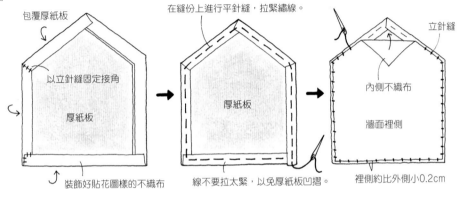

包覆厚紙板
在縫份上進行平針縫，拉緊繡線。
立針縫
以立針縫固定接角
厚紙板
厚紙板
內側不織布
牆面裡側
裝飾好貼花圖樣的不織布
線不要拉太緊，以免厚紙板凹摺。
裡側約比外側小0.2cm

3 挖空側邊牆壁的厚紙板與不織布窗戶區塊，貼上描圖紙。
　在牆面上裝飾貼花圖樣與刺繡。

4 在裡側裝飾上蕾絲＆水兵帶，蓋住厚紙版，
　與外側的不織布一起縫合固定。

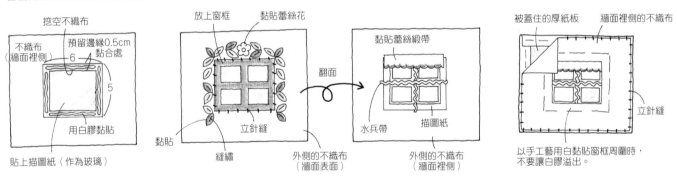

挖空不織布
不織布（牆面裡側）
預留邊緣0.5cm黏合處
6
5
用白膠黏貼
貼上描圖紙（作為玻璃）
放上窗框
黏貼蕾絲花
立針縫
黏貼
縫繡
外側的不織布（牆面表面）
翻面
黏貼蕾絲緞帶
水兵帶
描圖紙
外側的不織布（牆面裡側）
被蓋住的厚紙板
牆面裡側的不織布
立針縫
以手工藝用白膠黏貼窗框周圍時，不要讓白膠溢出。

牆壁製作完成

正面牆壁　背面牆壁　側面牆壁　側面牆壁

[材料]

No.22
- 不織布（紅色）長12cm寬5cm
  　（蛋白色）長18cm寬10cm
  　（黃色・綠色）各少許
- 麻布・薄布襯 各長6cm寬6cm
- 0.3cm寬的水兵帶 12cm（紅色）

No.23
- 不織布（淺粉紅色）長11cm寬5cm
  　（奶油色）長15cm寬9cm
  　（白色）長4cm寬5cm
  　（紅色・水藍色・黃綠色・綠色・
  　黃色）各少許
- 直徑0.3cm的鈕釦1個

No.24
- 不織布（深粉紅色）長10cm寬4cm
  　（淺粉紅色）長14cm寬8cm
  　（白色・紅色・黃綠色）各少許
- 格子布・薄布襯 各長4cm寬5cm
- 直徑0.3cm的鈕釦2個
- 0.3cm寬的水兵帶 9cm（紅色）

No.25
- 不織布（玫瑰粉紅）長8cm寬4cm
  　（橘色）長13cm寬7cm
  　（白色）長4cm寬4cm
  　（水藍色・黃色・綠色・
  　紅色）各少許
- 直徑0.3cm的鈕釦1個

製作方法請參考P.38

No.26
- 不織布（粉紅色）長7cm寬3cm
  　（黃綠色）長11cm寬6cm
  　（白色）長3cm寬4cm
  　（黃色・紅色
  　蛋白色・綠色）各少許
- 麻布・薄布襯 各長6cm寬6cm
- 0.3cm寬的水兵帶 7cm（粉紅色）

No.22至No.26共同材料
- 不織布（咖啡色／頭髮）
  　　　長4cm寬2cm
  　（米白色／臉部）
  　　　長4cm寬4cm
- 25號繡線（與不織布同色）
- 厚紙板 少許
- 手工藝用棉花 適量

No.22

No.23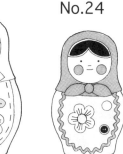

No.24

No.25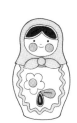

No.26

 8

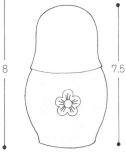 7.5

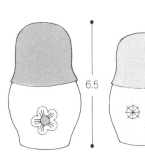 6.5

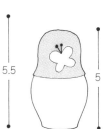 5.5

5

5 底部、屋頂和牆壁，都是將不織布包裹著厚紙板製作而成。牆壁、底部作好後，
都以捲針縫固定組合。再來只要輕輕放上縫合好屋脊的屋頂，就完成囉！

完成！

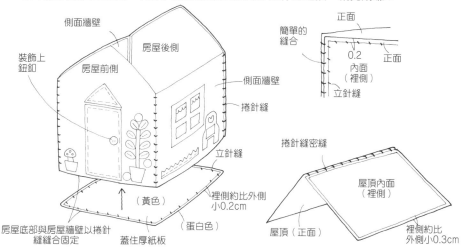

側面牆壁
房屋後側
裝飾上鈕釦
房屋前側
側面牆壁
捲針縫
立針縫
（黃色）
裡側約比外側小0.2cm
（蛋白色）
房屋底部與房屋牆壁以捲針縫縫合固定
蓋住厚紙板

正面
簡單的縫合
0.2
內面（裡側）
正面
立針縫

捲針縫密縫
屋頂內面（裡側）
屋頂（正面）
裡側約比外側小0.3cm

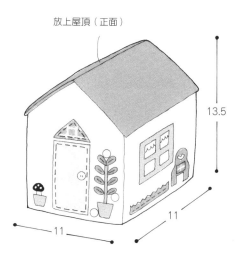

放上屋頂（正面）
13.5
11
11

※除了特別指定之外，皆取1股繡線縫製。

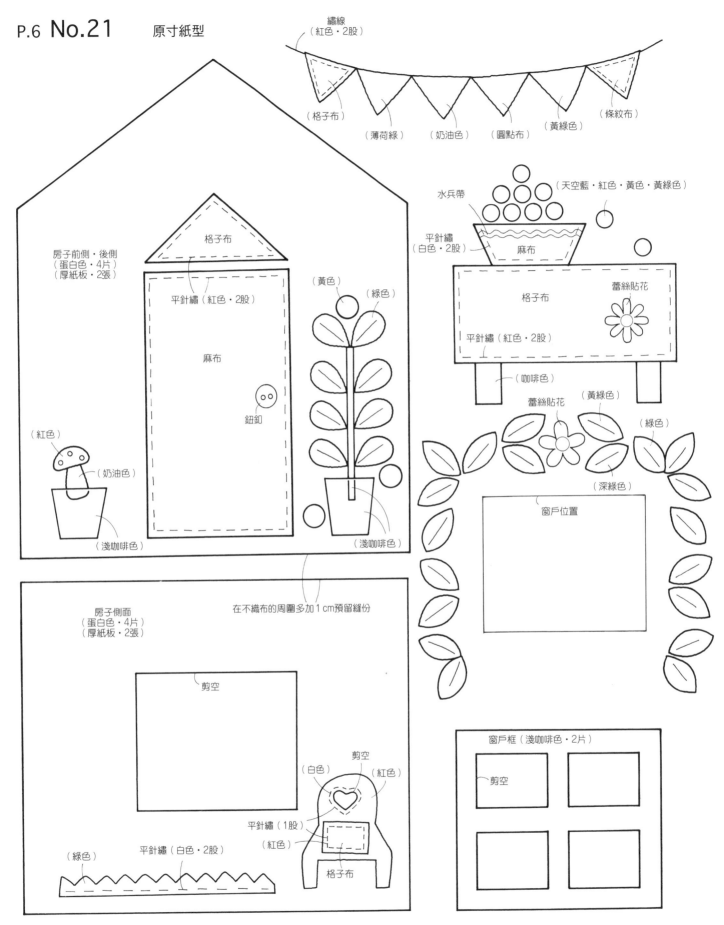

繡線
（紅色・2股）

（格子布）

（薄荷綠）　（奶油色）　（圓點布）　（黃綠色）

（條紋布）

（天空藍・紅色・黃色・黃綠色）

水兵帶

平針繡
（白色・2股）

麻布

房子前側・後側
（蛋白色・4片）
（厚紙板・2張）

格子布

平針繡（紅色・2股）

蕾絲貼花

麻布

（黃色）

（綠色）

平針繡（紅色・2股）

（咖啡色）

鈕釦

蕾絲貼花

（黃綠色）

（綠色）

（紅色）

（奶油色）

（深綠色）

窗戶位置

（淺咖啡色）

（淺咖啡色）

在不織布的周圍多加1cm預留縫份

房子側面
（蛋白色・4片）
（厚紙板・2張）

剪空

窗戶框（淺咖啡色・2片）

剪空

剪空

（白色）

（紅色）

平針繡（1股）

（紅色）

格子布

（綠色）　平針繡（白色・2股）

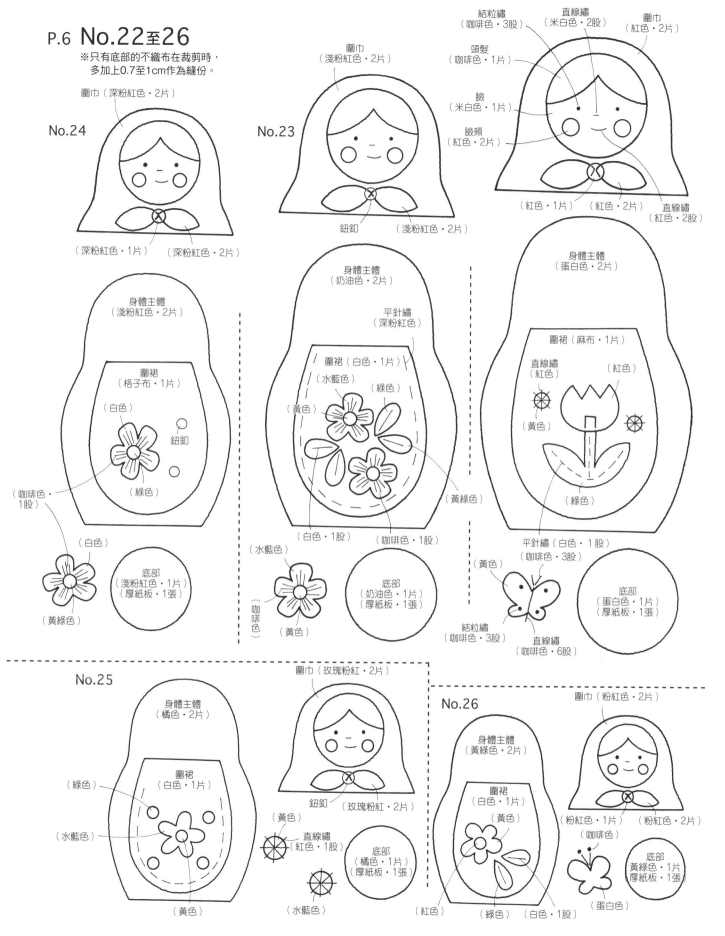

原寸紙型

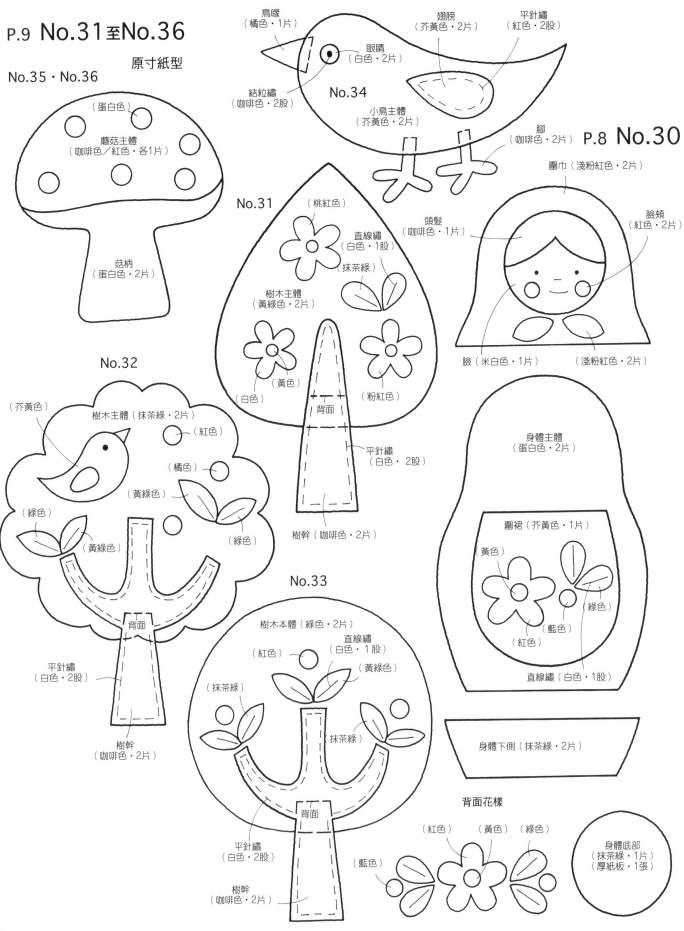

No.35・No.36

（蛋白色）

蘑菇主體
（咖啡色／紅色・各1片）

菇柄
（蛋白色・2片）

鳥喙
（橘色・1片）

翅膀
（芥黃色・2片）

平針繡
（紅色・2股）

眼睛
（白色・2片）

No.34

結粒繡
（咖啡色・2股）

小鳥主體
（芥黃色・2片）

腳
（咖啡色・2片）

P.8 No.30

圍巾（淺粉紅色・2片）

頭髮
（咖啡色・1片）

臉頰
（紅色・2片）

臉（米白色・1片）

（淺粉紅色・2片）

No.31

（桃紅色）

直線繡
（白色・1股）

抹茶綠

樹木主體
（黃綠色・2片）

（白色）

（黃色）

背面

（粉紅色）

平針繡
（白色・2股）

樹幹（咖啡色・2片）

No.32

（芥黃色）

樹木主體（抹茶綠・2片）

（紅色）

（橘色）

（黃綠色）

（綠色）

（黃綠色）

（綠色）

背面

平針繡
（白色・2股）

樹幹
（咖啡色・2片）

No.33

樹木本體（綠色・2片）

直線繡
（白色・1股）

（紅色）

（黃綠色）

（抹茶綠）

抹茶綠

背面

平針繡
（白色・2股）

樹幹
（咖啡色・2片）

（藍色）

身體主體
（蛋白色・2片）

圍裙（芥黃色・1片）

（黃色）

（綠色）

（藍色）

（紅色）

直線繡（白色・1股）

身體下側（抹茶綠・2片）

背面花樣

（紅色）（黃色）（綠色）

身體底部
（抹茶綠・1片）
（厚紙板・1張）

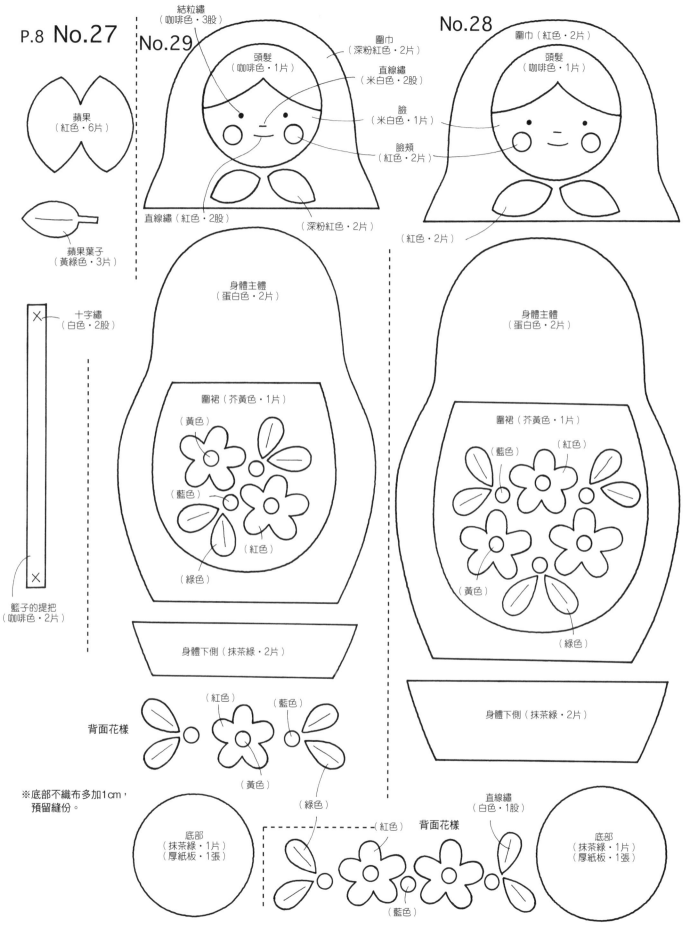

P.8 No.27

No.29

No.28

結粒繡
（咖啡色・3股）

頭髮
（咖啡色・1片）

圍巾
（深粉紅色・2片）

直線繡
（米白色・2股）

臉
（米白色・1片）

臉頰
（紅色・2片）

圍巾（紅色・2片）

頭髮
（咖啡色・1片）

蘋果
（紅色・6片）

蘋果葉子
（黃綠色・3片）

直線繡（紅色・2股）

（深粉紅色・2片）

（紅色・2片）

十字繡
（白色・2股）

身體主體
（蛋白色・2片）

身體主體
（蛋白色・2片）

圍裙（芥黃色・1片）

（黃色）

（藍色）

（紅色）

（綠色）

圍裙（芥黃色・1片）

（藍色）

（紅色）

（黃色）

（綠色）

籃子的提把
（咖啡色・2片）

身體下側（抹茶綠・2片）

背面花樣

（紅色）

（藍色）

（黃色）

身體下側（抹茶綠・2片）

直線繡
（白色・1股）

※底部不織布多加1cm，
　預留縫份。

（紅色）

背面花樣

底部
（抹茶綠・1片）
（厚紙板・1張）

（綠色）

底部
（抹茶綠・1片）
（厚紙板・1張）

（藍色）

P.9 No.31至No.33　樹木　原寸紙型請參照P.52

材料

No.31
・不織布（黃綠色）長14cm寬8cm 　（咖啡色）長5cm寬6cm 　（桃紅色・抹茶綠・粉紅色 　白色・黃色）各少許 ・25號繡線（與不織布同色） ・手工藝用棉花 適量

No.32
・不織布（抹茶綠）長16cm寬8cm 　（咖啡色）長6cm寬7cm 　（綠色・黃綠色・紅色・橘色 　芥黃色）各少許 ・25號繡線（與不織布同色的色線＆白色） ・手工藝用棉花 適量

No.33
・不織布（綠色）長15cm寬7cm 　（咖啡色）長6cm寬7cm 　（紅色・抹茶綠・黃綠色）各少許 ・25號繡線 　（與不織布同色的色線＆白色） ・手工藝用棉花 適量

製作方法

1 在不織布正面貼上貼花圖樣。

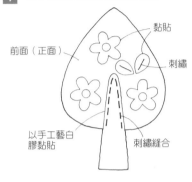

前面（正面）
黏貼
刺繡
以手工藝白膠黏貼
刺繡縫合

2 在背面貼上樹幹。

背面（裡側）
黏貼

3 縫合正面背面兩片不織布，填入棉花。　　完成！

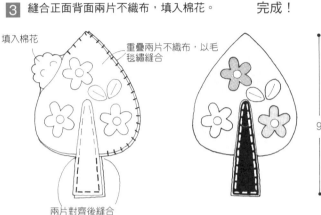

填入棉花
重疊兩片不織布，以毛毯繡縫合
兩片對齊後縫合
9

作法與No.31相同

No.32

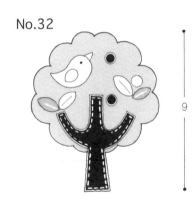

9

No.33　　完成！

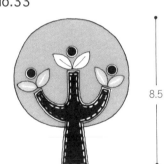

8.5

P.9 No.35・No.36　蘑菇　原寸紙型請參照P.52

材料

・不織布（No.35咖啡色／No.36紅色）
　長12cm寬4cm
　（蛋白色）長12cm寬7cm
・25號繡線（與不織布同色）
・手工藝用棉花 適量

製作方法　先縫合單片蘑菇主體和根部，再將正反兩片不織布對齊後縫合固定，填入棉花，貼上圓點花樣裝飾。

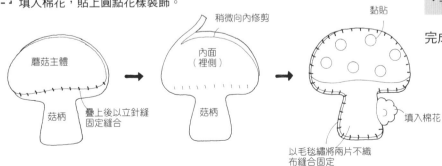

蘑菇主體
菇柄
疊上後以立針縫固定縫合
稍微向內修剪
內面（裡側）
菇柄
黏貼
填入棉花
以毛毯繡將兩片不織布縫合固定

完成！

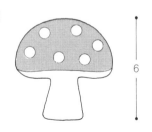

6

54　　　　　　※除了特別指定之外，皆取1股繡線縫製。

P.9 No.34　小鳥玩偶　原寸紙型請參照P.52

・不織布（芥黃色）長8cm寬8cm
　（橘色・咖啡色・白色）
　各少許
・25號繡線（芥黃色・咖啡色・紅色）
・手工藝用棉花 適量

1 在小鳥身體上加上翅膀和眼睛。

2 縫合兩片不織布，填入棉花。

完成！

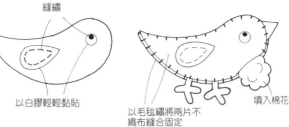

縫繡

以白膠輕輕黏貼

以毛毯繡將兩片不織布縫合固定

填入棉花

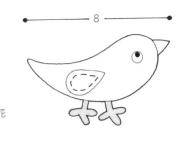

─ 8 ─

P.8 No.27　蘋果　原寸紙型請參照P.53

・不織布
　（紅色）長7cm寬10cm
　（黃綠色）長3cm寬6cm
　（咖啡色）長1cm寬8cm
・格子布長6cm寬6cm
・25號繡線（紅色・白色）
・手工藝用棉花 適量
・中細毛線

1 先縫出蘋果的立體線，再縫合兩片蘋果不織布，製作出三顆飽滿的蘋果。

籃子的編織方法請參照P.72

2 編織籃子，縫上提把。

完成！

捲針縫

縫繡

以毛毯繡將兩片不織布縫合固定

填入棉花

─ 2.5 ─

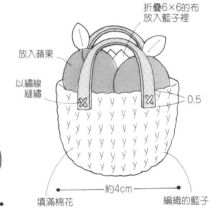

折疊6×6的布放入籃子裡

放入蘋果

以繡線縫繡

0.5

─ 約4cm ─

填滿棉花

編織的籃子

P.11 No.41　俄羅斯城堡

原寸紙型請參照P.58

・不織布（蛋白色）長18cm寬15cm・2片
　（黃色）長20cm寬10cm
　（灰色）長16cm寬10cm
・0.8cm寬的蕾絲緞帶a 15cm
・1.3cm寬的蕾絲緞帶b 16cm
・25號繡線（與不織布同色）
・蕾絲貼花 直徑2.2cm・1片／直徑1.2cm・3片
・手工藝用棉花 適量
・0.3cm寬的水兵帶 22cm

1 在正面上加上屋頂和大門。

2 縫合正反兩片布織布後填入棉花。再貼上蕾絲貼花、花邊緞帶。

完成！

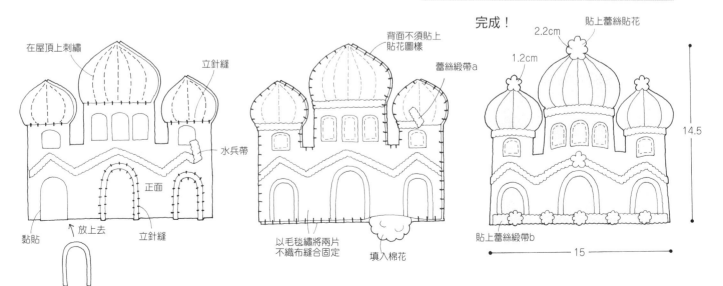

在屋頂上刺繡

立針縫

水兵帶

正面

黏貼

放上去

立針縫

背面不須貼上貼花圖樣

蕾絲緞帶a

以毛毯繡將兩片不織布縫合固定

填入棉花

貼上蕾絲貼花

2.2cm

1.2cm

14.5

貼上蕾絲緞帶b

─ 15 ─

※除了特別指定之外，皆取 1 股繡線縫製。

［材料］ No.28

・不織布（紅色）長16cm寬6cm
　（蛋白色）長17cm寬12cm
　（芥黃色）長7cm寬7cm
　（抹茶綠）長14cm寬6cm
　（咖啡色）長5cm寬3cm
　（米白色）長5cm寬5cm
　（綠色・黃色・藍色）各少許
・25號繡線（與不織布同色）
・0.8cm寬的花邊緞帶16cm
・直徑0.3cm寬的鈕釦 1個
・厚紙板 少許　・手工藝用棉花 適量

No.29

・不織布（深粉紅色）長14cm寬6cm
　（蛋白色）長15cm寬11cm
　（芥黃色）長6cm寬6cm
　（抹茶綠）長12cm寬5cm
　（咖啡色）長4cm寬2cm
　（米白色）長4cm寬4cm
　（紅色・綠色・黃色・藍色）各少許
・25號繡線（與不織布同色）
・直徑0.8cm寬的裝飾緞帶 14cm
・直徑0.3cm寬的鈕釦 1個
・厚紙板 少許　・手工藝用棉花 適量

No.30

・不織布（淺粉紅色）長12cm寬5cm
　（蛋白色）長13cm寬10cm
　（芥黃色）長5cm寬5cm
　（抹茶綠）長11cm寬5cm
　（咖啡色）長4cm寬2cm
　（米白色）長4cm寬4cm
　（紅色・綠色・黃色・藍色）各少許
・25號繡線（與不織布同色）
・0.8cm寬的花邊緞帶12cm
・直徑0.3cm寬的鈕釦 1個
・厚紙板 少許　・手工藝用棉花 適量

［製作方法］

1 縫合正面的身體主體、主體下側和圍裙。

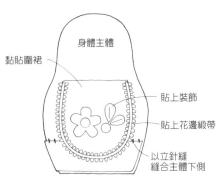

身體主體
黏貼圍裙
貼上裝飾
貼上花邊緞帶
以立針縫縫合主體下側

2 完成上半部的臉和圍巾，與主體縫合。

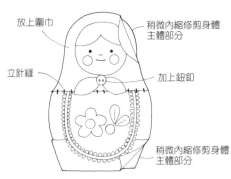

放上圍巾
稍微內縮修剪身體主體部分
立針縫
加上鈕釦
稍微內縮修剪身體主體部分

3 將前後兩面不織布對齊，沿周圍縫合。

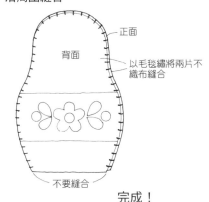

正面
背面
以毛毯繡將兩片不織布縫合
不要縫合

完成！

4 將放入厚紙板的底部，與身體主體縫合固定。

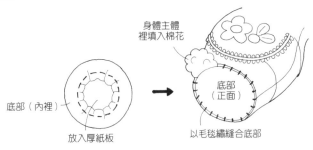

身體主體裡填入棉花
底部（內裡）
放入厚紙板
底部（正面）
以毛毯繡縫合底部

No.29

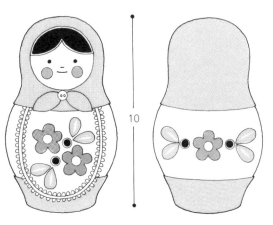

10

No.28

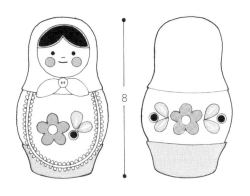

8

11

※除了特別指定之外，皆取1股繡線縫製。

完成！

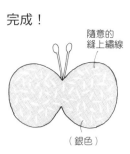

隨意的
縫上繡線

（銀色）

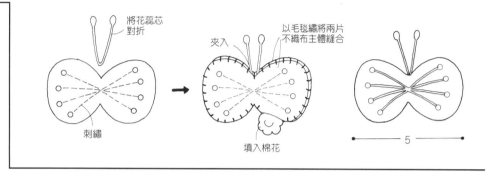

將花蕊芯
對折

夾入

以毛毯繡將兩片
不織布主體縫合

刺繡

填入棉花

5

┌─────┐
│ 材料 │（一隻蝴蝶的份量）
└─────┘

・不織布（水藍色・粉紅色・蛋白色・紫色）
　　　　　各長6cm寬8cm
・25號繡線（與不織布同色的色線 & 金色・銀色）
・手工藝用花蕊芯 1根
・手工藝用棉花 適量

┌─────┐
│製作方法│　在蝴蝶主體上刺繡、夾入
└─────┘　花蕊芯，縫合兩片蝴蝶不
　　　　　織布。

P.10 **No.37至No.39**
閃亮の俄羅斯娃娃三姐妹

┌─────┐
│ 材料 │ No.37
└─────┘

・不織布（亮蔥黃）長16cm寬6cm
　　　　（紅色）長17cm寬12cm
　　　　（白色）長12cm寬7cm
　　　　（深藍色）長14cm寬6cm
　　　　（咖啡色）長5cm寬3cm
　　　　（米白色）長5cm寬5cm
　　　　（綠色・黃色）各少許
・25號繡線（與不織布同色）
・直徑0.3cm鈕釦 1個
・厚紙板 少許
・手工藝用棉花 適量

原寸紙型請參照P.58・P.59

No.38

・不織布（亮蔥綠）長14cm寬6cm
　　　　（紅色）長15cm寬11cm
　　　　（白色）長11cm寬6cm
　　　　（深藍色）長12cm寬5cm
　　　　（咖啡色）長4cm寬2cm
　　　　（米白色）長4cm寬4cm
　　　　（綠色・黃色）各少許
・25號繡線（與不織布同色）
・直徑0.3cm鈕釦 1個
・厚紙板 少許
・手工藝用棉花 適量

No.39

・不織布（亮蔥紫）長12cm寬5cm
　　　　（紅色）長13cm寬10cm
　　　　（白色）長9cm寬5cm
　　　　（深藍色）長14cm寬6cm
　　　　（咖啡色）長4cm寬2cm
　　　　（米白色）長4cm寬4cm
　　　　（綠色・黃色）各少許
・25號繡線（與不織布同色）
・直徑0.3cm鈕釦 1個
・厚紙板 少許
・手工藝用棉花 適量

No.39　　　完成！

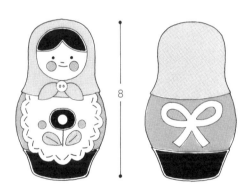

8

No.38

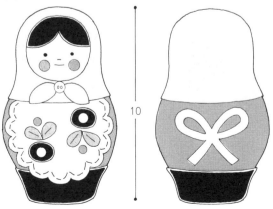

10

No.37

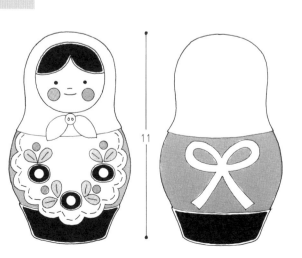

11

※除了特別指定之外，皆取 1 股繡線縫製。

No.37至No.41

原寸紙型

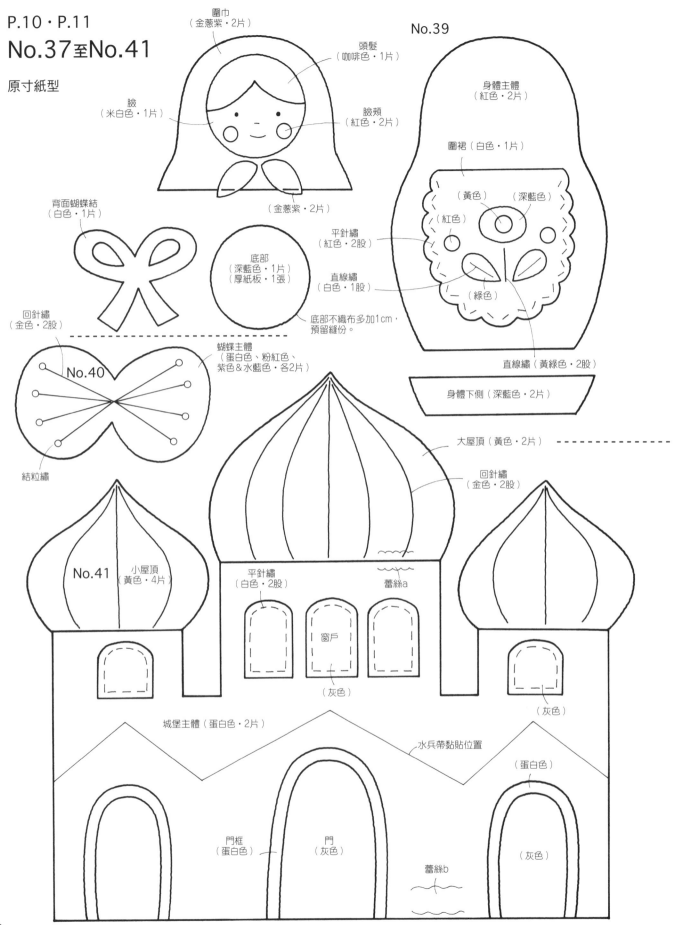

No.39

圍巾
（金蔥紫・2片）

頭髮
（咖啡色・1片）

臉
（米白色・1片）

臉頰
（紅色・2片）

身體主體
（紅色・2片）

圍裙（白色・1片）

（黃色）　　（深藍色）

（紅色）

平針繡
（紅色・2股）

（綠色）

直線繡
（白色・1片）

（金蔥紫・2片）

背面蝴蝶結
（白色・1片）

底部
（深藍色・1片）
（厚紙板・1張）

底部不織布多加1cm，
預留縫份。

直線繡（黃綠色・2股）

身體下側（深藍色・2片）

回針繡
（金色・2股）

No.40

蝴蝶主體
（蛋白色、粉紅色、
紫色＆水藍色・各2片）

大屋頂（黃色・2片）

回針繡
（金色・2股）

結粒繡

No.41　小屋頂
（黃色・4片）

平針繡
（白色・2股）

蕾絲a

窗戶

（灰色）

（灰色）

城堡主體（蛋白色・2片）

水兵帶黏貼位置

（蛋白色）

門框
（蛋白色）

門
（灰色）

蕾絲b

（灰色）

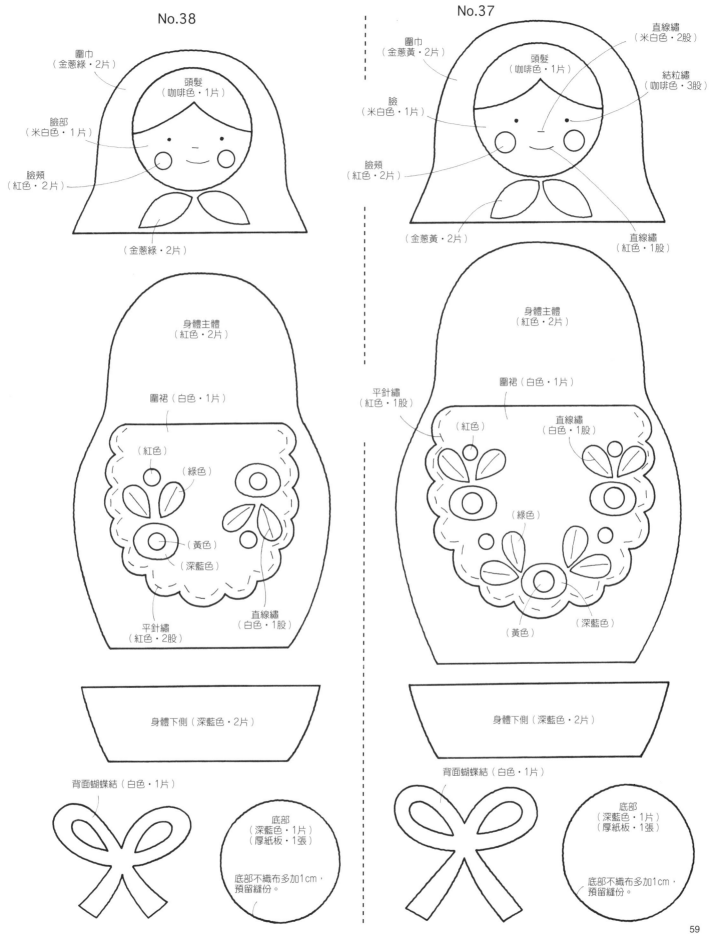

No.38

圍巾
（金蔥綠・2片）

臉部
（米白色・1片）

臉頰
（紅色・2片）

頭髮
（咖啡色・1片）

（金蔥綠・2片）

身體主體
（紅色・2片）

圍裙（白色・1片）

（紅色）

（綠色）

（黃色）

（深藍色）

平針繡
（紅色・2股）

直線繡
（白色・1股）

身體下側（深藍色・2片）

背面蝴蝶結（白色・1片）

底部
（深藍色・1片）
（厚紙板・1張）

底部不織布多加1cm，
預留縫份。

No.37

圍巾
（金蔥黃・2片）

臉
（米白色・1片）

臉頰
（紅色・2片）

頭髮
（咖啡色・1片）

直線繡
（米白色・2股）

結粒繡
（咖啡色・3股）

（金蔥黃・2片）

直線繡
（紅色・1股）

身體主體
（紅色・2片）

平針繡
（紅色・1股）

圍裙（白色・1片）

（紅色）

直線繡
（白色・1股）

（綠色）

（黃色）

（深藍色）

身體下側（深藍色・2片）

背面蝴蝶結（白色・1片）

底部
（深藍色・1片）
（厚紙板・1張）

底部不織布多加1cm，
預留縫份。

59

[材料] No.43

- 不織布（藍色）長15cm寬12cm
　（白色）長17cm寬12cm
　（黑色）長17cm寬6cm
　（咖啡色）長5cm寬3cm
　（米白色）長5cm寬5cm
　（綠色・紅色）各少許
- 25號繡線（與不織布同色）
- 直徑0.5cm鈕釦 2個
- 厚紙板少許
- 手工藝用棉花 適量

No.44

- 不織布（天空藍）長15cm寬11cm
　（白色）長16cm寬11cm
　（黑色）長16cm寬5cm
　（咖啡色）長4cm寬2cm
　（米白色）長4cm寬4cm
　（紅色）少許
- 25號繡線
　（與不織布同色的色線&黃綠色・黃色）
- 直徑0.5cm鈕釦 2個
- 厚紙板 少許
- 手工藝用棉花 適量

No.45

- 不織布（水藍色）長12cm寬9cm
　（白色）長14cm寬9cm
　（黑色）長14cm寬4cm
　（咖啡色）長4cm寬2cm
　（米白色）長4cm寬4cm
　（紅色）少許
- 25號繡線
　（與不織布同色的色線&黃綠色・黃色）
- 直徑0.5cm鈕釦 2個
- 厚紙板少許
- 手工藝用棉花 適量

[製作方法]

1 在圍裙上縫合貼花，再將身體主體與身體下側縫合。

2 先縫上圍裙、完成臉部，最後再縫合上圍巾。

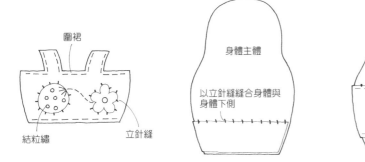
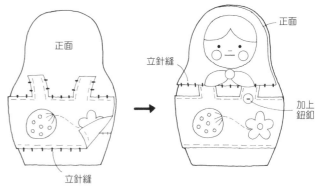

3 將身體主體前後兩片對齊後將周圍縫合，再於底部加入厚紙板，並與主體縫合。

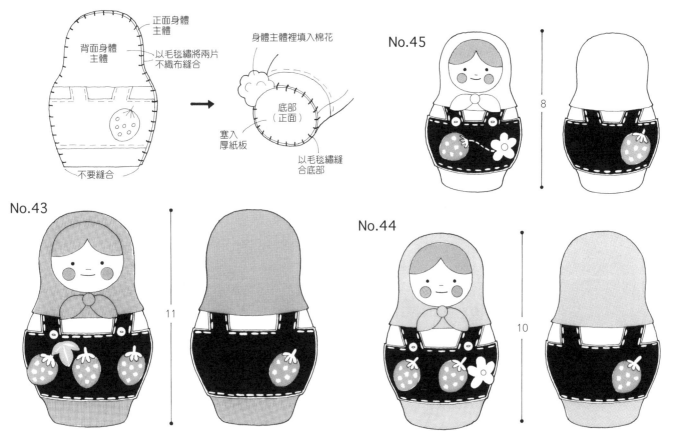

No.45

No.43

No.44

※除了特別指定之外，皆取1股繡線縫製。

P.12 No.42 月亮・星星　原寸紙型請參照P.62

- 不織布（黃色系）合計長20cm寬20cm
  （蛋白色）長18cm寬7cm
  （土黃色）長7cm寬7cm
- 25號繡線（與不織布同色）
- 直徑1cm的棉球16個（白色・黃色・橘色）
- 手工藝用棉花 適量
- 細棉線

製作方法

將細棉線夾在星星、月亮正反兩面的不織布中相對貼合，並穿插縫入小圓球。

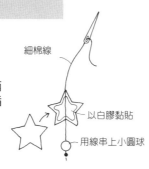

細棉線

以白膠黏貼

用線串上小圓球

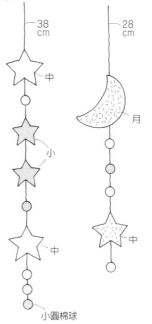

38cm

中

小

小

中

小圓棉球

月

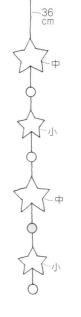

28cm

月

中

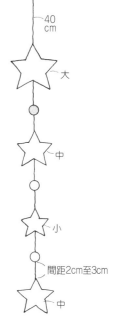

36cm / 40cm

中

大

小

中

中

小

小

間距2cm至3cm

中

P.14 No.46 甜甜圈　原寸紙型請參照P.62

材料

- 麻布（米白色）長20cm寬10cm
  （深咖啡色）長16cm寬8cm
- 薄布襯 長36cm寬10cm
- 25號繡線（與麻布同色）
- 直徑2.5cm至3cm的不織布球4個
- 細棉線

1 深咖啡色的麻布燙上薄布襯後，依圖示剪裁。

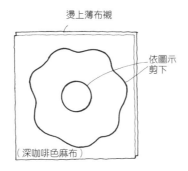

燙上薄布襯

依圖示剪下

（深咖啡色麻布）

2 米白色的麻布燙上薄布襯後，貼上剪下的深咖啡色部件，再依圖示剪下甜甜圈形狀。

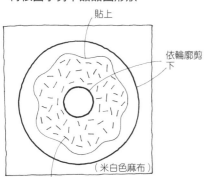

貼上

依輪廓剪下

（米白色麻布）

縫繡

3 將甜甜圈前後兩片對齊縫合，填入棉花。

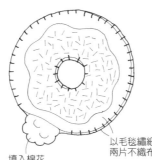

填入棉花

以毛毯繡細密地縫合前後兩片不織布。

4 將針穿上細棉線，由下往上一邊將圓球、甜甜圈串成一串，一邊留意間距，再打上小結固定部件位置。

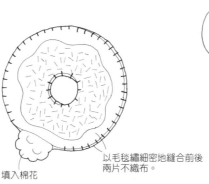

細棉線

縫製成串

背面

打結

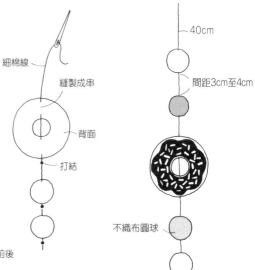

40cm

間距3cm至4cm

不織布圓球

※除了特別指定之外，皆取1股繡線縫製。

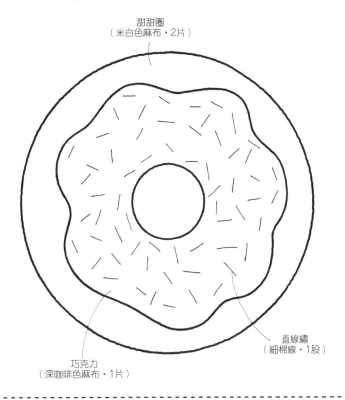

甜甜圈
（米白色麻布‧2片）

直線繡
（細棉線‧1股）

巧克力
（深咖啡色麻布‧1片）

P.12 No.42

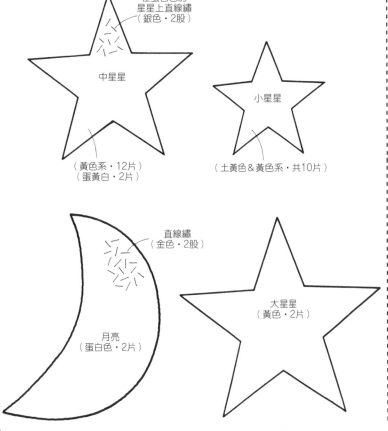

在蛋白色的
星星上直線繡
（銀色‧2股）

中星星

小星星

（黃色系‧12片）
（蛋黃白‧2片）

（土黃色＆黃色系‧共10片）

直線繡
（金色‧2股）

大星星
（黃色‧2片）

月亮
（蛋白色‧2片）

P.12‧13 No.43至No.45

No.45

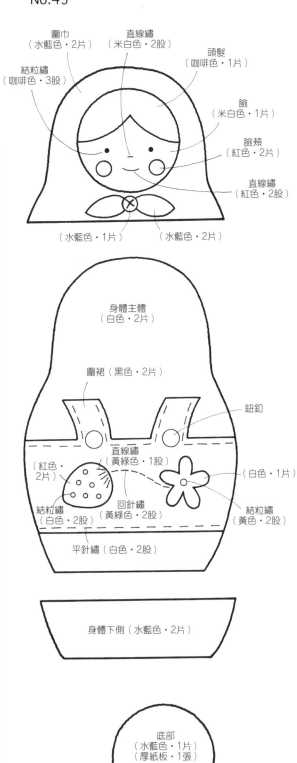

圍巾
（水藍色‧2片）

直線繡
（米白色‧2股）

頭髮
（咖啡色‧1片）

結粒繡
（咖啡色‧3股）

臉
（米白色‧1片）

臉頰
（紅色‧2片）

直線繡
（紅色‧2股）

（水藍色‧1片）　　（水藍色‧2片）

身體主體
（白色‧2片）

圍裙（黑色‧2片）

鈕釦

直線繡
（黃綠色‧1股）

（紅色‧
2片）

（白色‧1片）

結粒繡
（白色‧2股）

回針繡
（黃綠色‧2股）

結粒繡
（黃色‧2股）

平針繡（白色‧2股）

身體下側（水藍色‧2片）

底部
（水藍色‧1片）
（厚紙板‧1張）

底部不織布多
加1cm，預留
縫份。

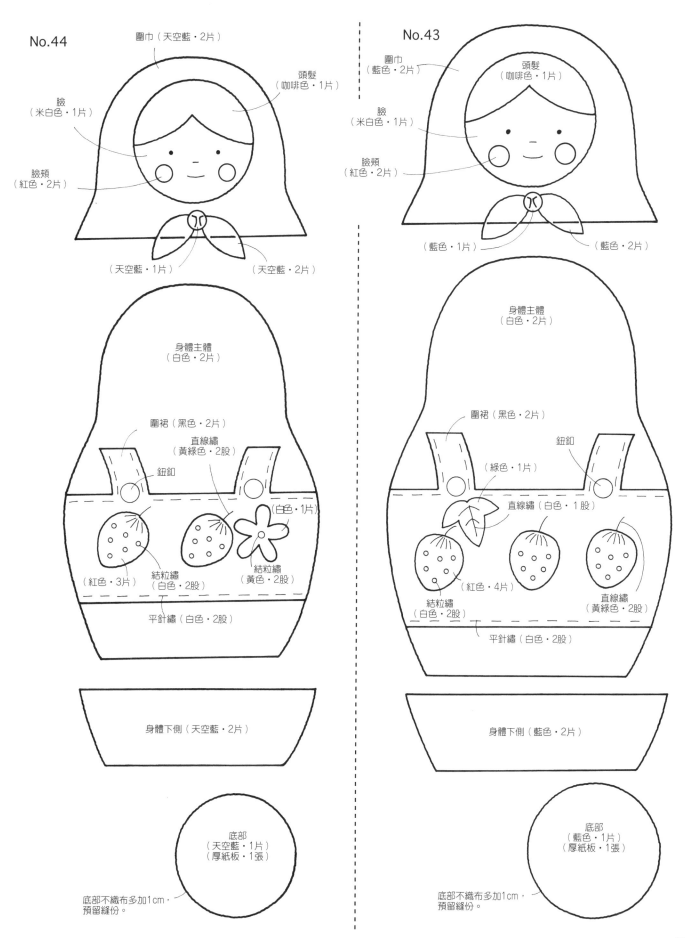

No.44

圍巾（天空藍・2片）

頭髮（咖啡色・1片）

臉（米白色・1片）

臉頰（紅色・2片）

（天空藍・1片）

（天空藍・2片）

身體主體（白色・2片）

圍裙（黑色・2片）

直線繡（黃綠色・2股）

鈕釦

（白色・1片）

（紅色・3片）

結粒繡（白色・2股）

結粒繡（黃色・2股）

平針繡（白色・2股）

身體下側（天空藍・2片）

底部（天空藍・1片）（厚紙板・1張）

底部不織布多加1cm，預留縫份。

No.43

圍巾（藍色・2片）

頭髮（咖啡色・1片）

臉（米白色・1片）

臉頰（紅色・2片）

（藍色・1片）

（藍色・2片）

身體主體（白色・2片）

圍裙（黑色・2片）

鈕釦

（綠色・1片）

直線繡（白色・1股）

（紅色・4片）

結粒繡（白色・2股）

直線繡（黃綠色・2股）

平針繡（白色・2股）

身體下側（藍色・2片）

底部（藍色・1片）（厚紙板・1張）

底部不織布多加1cm，預留縫份。

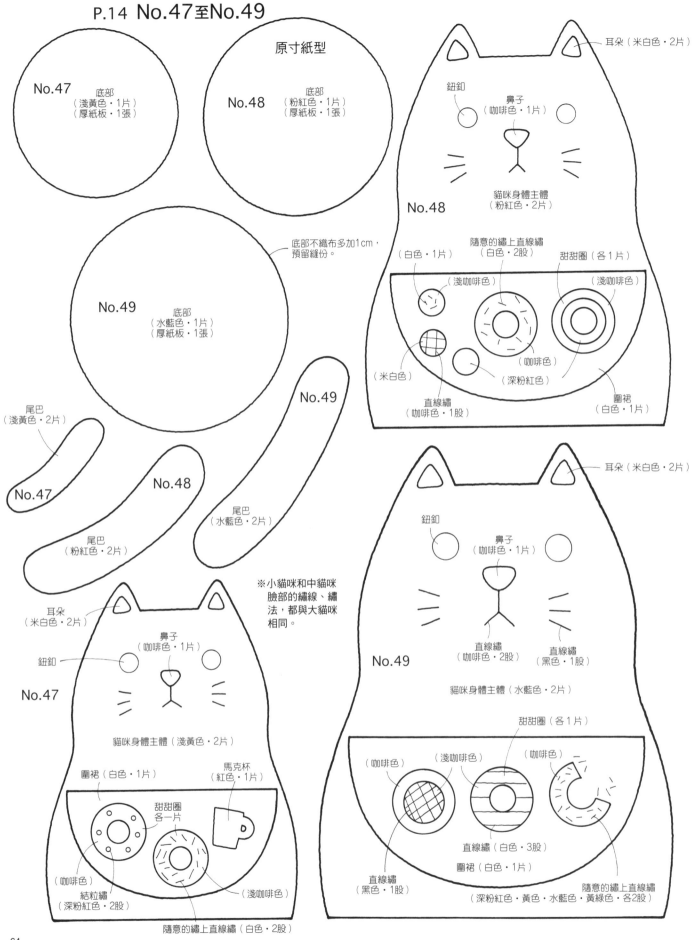

P.14 No.47至No.49

No.47 底部
（淺黃色・1片）
（厚紙板・1張）

原寸紙型

No.48 底部
（粉紅色・1片）
（厚紙板・1張）

No.49 底部
（水藍色・1片）
（厚紙板・1張）

底部不織布多加1cm，
預留縫份。

No.49

No.48

尾巴
（淺黃色・2片）
No.47

尾巴
（粉紅色・2片）

尾巴
（水藍色・2片）

耳朵
（米白色・2片）

※小貓咪和中貓咪
臉部的繡線、繡
法，都與大貓咪
相同。

No.48

耳朵（米白色・2片）

鈕釦

鼻子
（咖啡色・1片）

貓咪身體主體
（粉紅色・2片）

（白色・1片）

隨意的繡上直線繡
（白色・2股）

甜甜圈（各1片）

（淺咖啡色）

（淺咖啡色）

（咖啡色）

（深粉紅色）

（米白色）

直線繡
（咖啡色・1股）

圍裙
（白色・1片）

No.49

耳朵（米白色・2片）

鈕釦

鼻子
（咖啡色・1片）

直線繡
（咖啡色・2股）

直線繡
（黑色・1股）

貓咪身體主體（水藍色・2片）

甜甜圈（各1片）

（咖啡色）

（淺咖啡色）

（咖啡色）

直線繡（白色・3股）

圍裙（白色・1片）

直線繡
（黑色・1股）

隨意的繡上直線繡
（深粉紅色・黃色・水藍色・黃綠色・各2股）

No.47

耳朵
（米白色・2片）

鈕釦

鼻子
（咖啡色・1片）

貓咪身體主體（淺黃色・2片）

圍裙（白色・1片）

馬克杯
（紅色・1片）

甜甜圈
各一片

（咖啡色）

結粒繡
（深粉紅色・2股）

（淺咖啡色）

隨意的繡上直線繡（白色・2股）

64

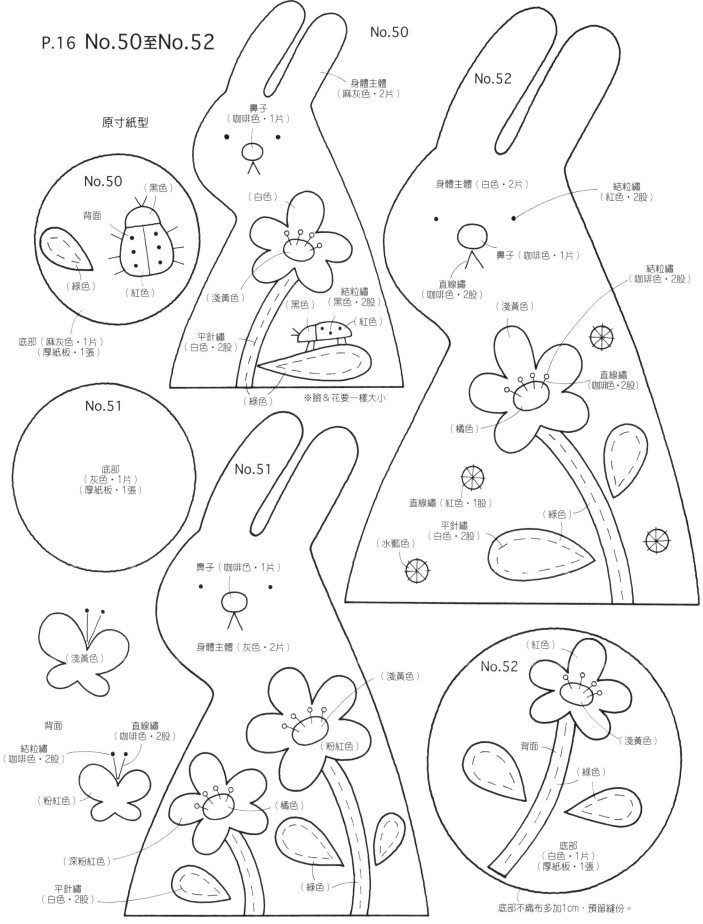

P.16 No.50至No.52

No.50

原寸紙型

No.50
背面
（黑色）
（綠色）
（紅色）
底部（麻灰色・1片）
（厚紙板・1張）

身體主體
（麻灰色・2片）
鼻子
（咖啡色・1片）
（白色）
（淺黃色）
（黑色）
平針繡
（白色・2股）
結粒繡
（黑色・2股）
（紅色）
（綠色）
※臉&花要一樣大小

No.51
底部
（灰色・1片）
（厚紙板・1張）

No.52
身體主體（白色・2片）
鼻子（咖啡色・1片）
直線繡
（咖啡色・2股）
結粒繡
（紅色・2股）
結粒繡
（咖啡色・2股）
直線繡
（咖啡色・2股）
（淺黃色）
（橘色）
直線繡（紅色・1股）
（水藍色）
平針繡
（白色・2股）
（綠色）

No.51
鼻子（咖啡色・1片）
身體主體（灰色・2片）
（淺黃色）
（淺黃色）
（粉紅色）
（橘色）
背面
直線繡
（咖啡色・2股）
結粒繡
（咖啡色・2股）
（粉紅色）
（深粉紅色）
（綠色）
平針繡
（白色・2股）

No.52
（紅色）
（淺黃色）
背面
（綠色）
底部
（白色・1片）
（厚紙板・1張）
底部不織布多加1cm，預留縫份。

65

材料　No.53

- 不織布（紅色）長11cm寬7cm
  （黃色）長12cm寬10cm
  （深藍色）長6cm寬6cm
  （咖啡色）長3cm寬2cm
  （米白色）長3cm寬3cm
  （橘色）少許
- 0.8cm寬的花邊緞帶 15cm
- 直徑1.3cm蕾絲貼花 1個
- 25號繡線（與不織布同色）
- 手工藝用棉花 適量

No.54

- 不織布（深藍色）長11cm寬7cm
  （黃色）長12cm寬10cm
  （紅色）長5cm寬5cm
  （咖啡色）長4cm寬2cm
  （米白色）長4cm寬4cm
  （橘色）少許
- 0.8cm寬的花邊緞帶 12cm
- 直徑1.3cm蕾絲貼花 1個
- 25號繡線（與不織布同色）
- 手工藝用棉花 適量

No.55

- 不織布（紅色）長11cm寬9cm
  （黃色）長10cm寬6cm
  （深藍色）長5cm寬5cm
  （咖啡色）長4cm寬2cm
  （米白色）長4cm寬4cm
  （橘色）少許
- 0.8cm寬的花邊緞帶 11cm
- 直徑1.3cm蕾絲貼花 1個
- 25號繡線（與不織布同色）
- 手工藝用棉花 適量

製作方法

1 在圍巾上加入臉部，在正面身體上加上圍裙。

2 正面身體主體放上完成的圍巾部件後縫合。

3 背面身體主體放上背面圍巾部件後縫合。

製作臉部

圍巾正面

身體主體

放上圍裙後縫合

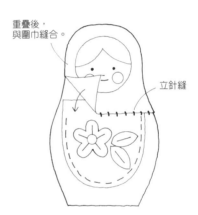

重疊後，與圍巾縫合。

立針縫

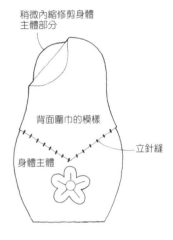

稍微內縮修剪身體主體部分

背面圍巾的模樣

立針縫

身體主體

4 將前後兩片不織布縫合固定，填入棉花。

以毛毯繡將前後固定縫合

貼上花邊緞帶

填入棉花

No.55
貼上蕾絲貼花

8

No.54

9

No.53

9.5

※除了特別指定之外，皆取1股繡線縫製。

原寸紙型
※花和葉子皆使用直線繡·1股縫製。

No.55　正面圍巾（黃色·1片）

No.54　正面圍巾（深藍色·1片）

No.53　正面圍巾（紅色·1片）

頭髮
（咖啡色·1片）

臉頰
（紅色·2片）

直線繡
（米白色·1股）

結粒繡
（咖啡色·3股）

直線繡
（紅色·2股）

身體主體
（紅色·2片）

圍裙（深藍色·1片）

（咖啡色）　（黃色）

（紅色）

（橘色）

（深藍色）

平針繡（黃色·2股）

身體主體
（黃色·2片）

圍裙（紅色·1片）

（深藍色）

（紅色）

（黃色）　（橘色）

（深藍色）

平針繡（深藍色·2股）

身體主體
（深藍色·2片）

圍裙（黃色·1片）

（橘色）　（紅色）

（咖啡色）　（白色）

（深藍色）

平針繡
（深藍色·2股）

背面圍巾
（黃色·1片）

（深藍色）　（橘色）

直線繡（紅色）

背面圍巾
（深藍色·1片）

（深藍色）

（白色）

（咖啡色）　（橘色）

（紅色）

背面圍巾
（紅色·1片）

（深藍色）

（橘色）

（黃色）

（紅色）　（咖啡色）

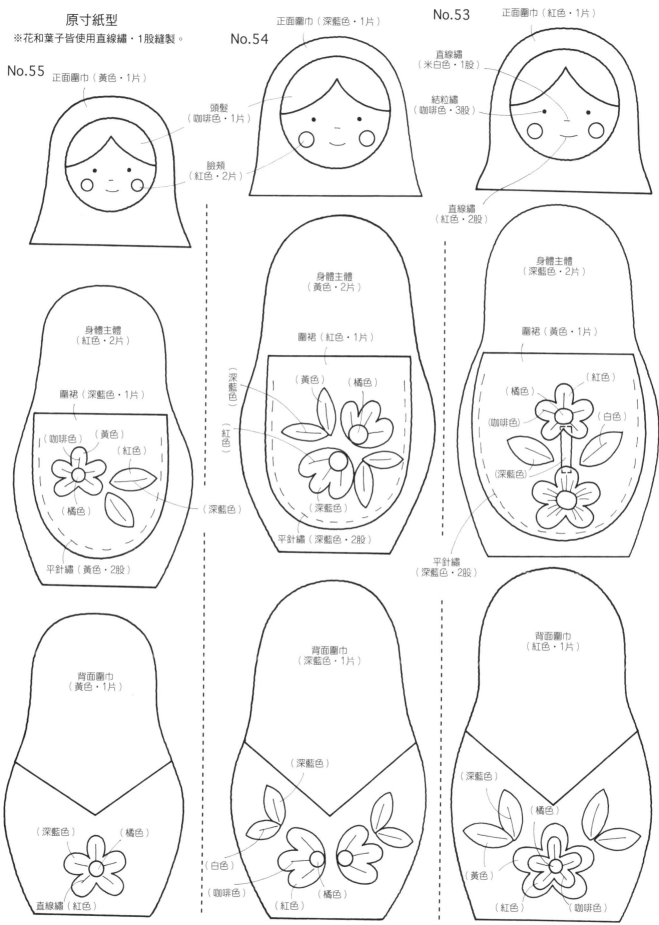

67

材料

No.58
- 不織布（蛋白色）長13cm寬9cm
  （黃色）長3cm寬4cm
  （黃綠色・水藍色・黑色）各少許
- 直徑0.8cm的棉球1個（黃綠色）
- 25號繡線（白色・紅色・黃色・黃綠色）
- 手工藝用棉花 適量

No.57
- 不織布（蛋白色）長14cm寬10cm
  （藍色）長16cm寬7cm
  （黃綠色・黃色・水藍色）各少許
- 25號繡線（白色・藍色）
- 直徑0.8cm的棉球1個（紅色）
- 手工藝用棉花 適量

No.56
- 不織布（蛋白色）長15cm寬10cm
  （紅色）長10cm寬6cm
  （黃色・黃綠色・水藍色・黑色）
  各少許
- 25號繡線（白色・紅色）
- 手工藝用棉花 適量

製作方法

縫合兩片不織布，填入棉花。貼上臉部表情，戴上
縫製好的帽子，再以立針縫縫合固定。

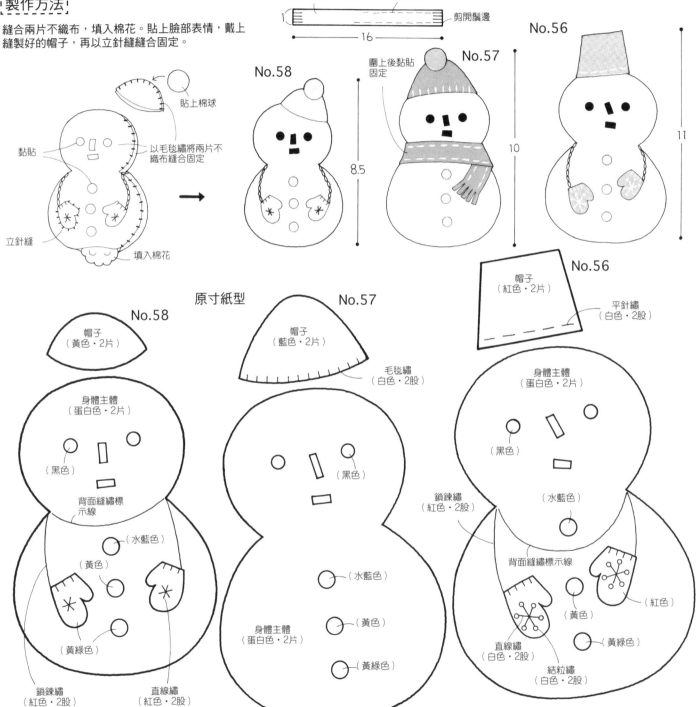

圍巾（藍色・1片） 平針繡（白色・2股）
剪開鬚邊
16

No.58
8.5

圍上後黏貼固定
No.57
10

No.56
11

貼上棉球
黏貼
以毛毯繡將兩片不
織布縫合固定
立針縫
填入棉花

帽子
（紅色・2片）
No.56
平針繡
（白色・2股）

原寸紙型

No.58
帽子
（黃色・2片）

No.57
帽子
（藍色・2片）
毛毯繡
（白色・2股）

身體主體
（蛋白色・2片）
（黑色）
背面縫繡標示線
（水藍色）
（黃色）
（黃綠色）
鎖鍊繡
（紅色・2股）
直線繡
（紅色・2股）

（黑色）
身體主體
（蛋白色・2片）
（水藍色）
（黃色）
（黃綠色）

身體主體
（蛋白色・2片）
（黑色）
鎖鍊繡
（紅色・2股）
（水藍色）
背面縫繡標示線
（紅色）
（黃色）
直線繡
（白色・2股）
結粒繡
（白色・2股）
（黃綠色）

※除了特別指定之外，皆取1股繡線縫製。

原寸紙型

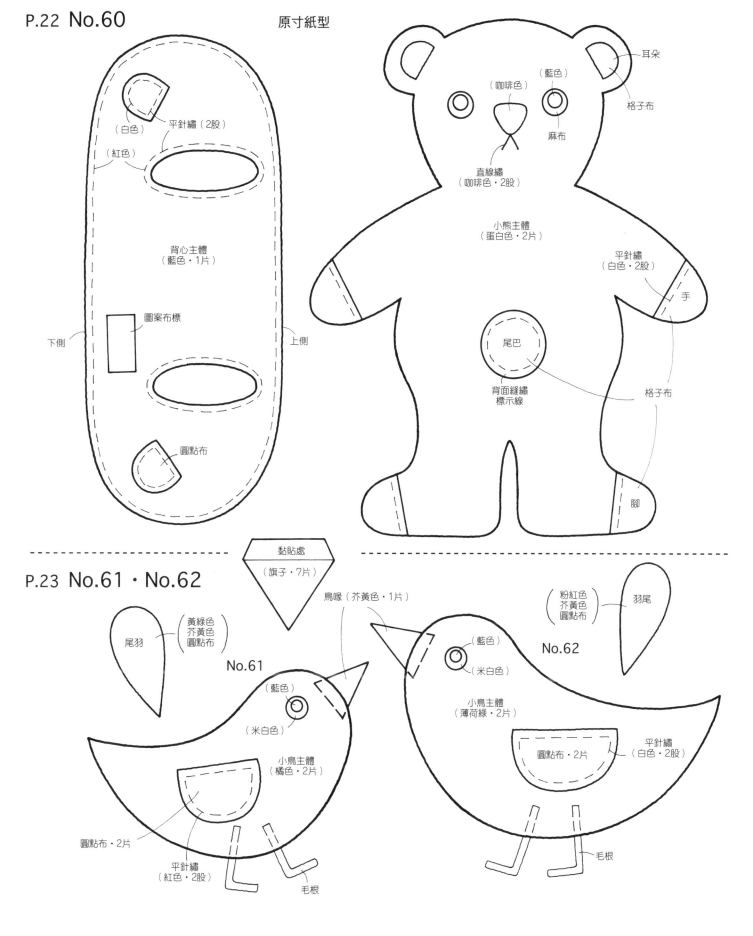

白色
平針繡（2股）

（紅色）

背心主體
（藍色・1片）

圖案布標

下側

上側

圓點布

（咖啡色）

（藍色）

耳朵

格子布

麻布

直線繡
（咖啡色・2股）

小熊主體
（蛋白色・2片）

平針繡
（白色・2股）

手

尾巴

背面縫繡
標示線

格子布

腳

黏貼處
（旗子・7片）

鳥喙（芥黃色・1片）

尾羽

（黃綠色
芥黃色
圓點布）

No.61

（藍色）

（米白色）

小鳥主體
（橘色・2片）

圓點布・2片

平針繡
（紅色・2股）

毛根

（粉紅色
芥黃色
圓點布）

羽尾

No.62

（藍色）

（米白色）

小鳥主體
（薄荷綠・2片）

圓點布・2片

平針繡
（白色・2股）

毛根

材料　No.61

- 不織布（橘色）長16cm寬5cm
  （黃綠色·芥黃色）
  各長2cm寬4cm
  （米白色·藍色）各少許
- 圓點布、薄布襯 各長3cm寬2cm
- 直徑0.6cm鈕釦1個
- 25號繡線（橘色·紅色）
- 手工藝用棉花 適量
- 毛根（黑色）

No.62

- 不織布（薄荷綠）長20cm寬6cm
  （粉紅色·芥黃色）
  各長4cm寬2cm
  （米白色·藍色）各少許
- 圓點布·薄內襯 各長3cm寬2cm
- 25號繡線（薄荷綠·白色）
- 直徑0.6cm鈕釦1個
- 手工藝用棉花 適量
- 毛根（黑色）

在小鳥主體上加上翅膀和眼睛，再將羽尾和腳的部件夾入兩片小鳥主體的不織布間，縫合後填入棉花。

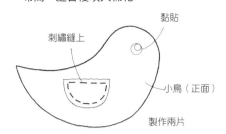

P.22 No.59

原寸紙型

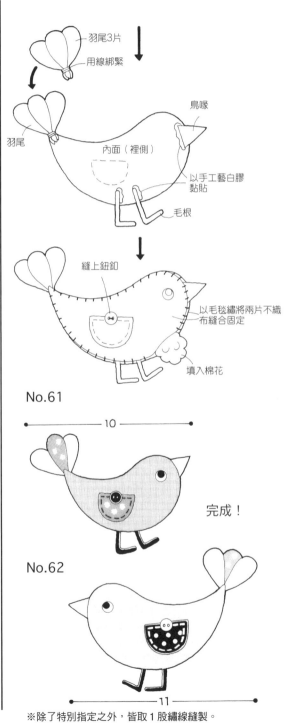

No.61

No.62

完成！

※除了特別指定之外，皆取1股繡線縫製。

原寸紙型

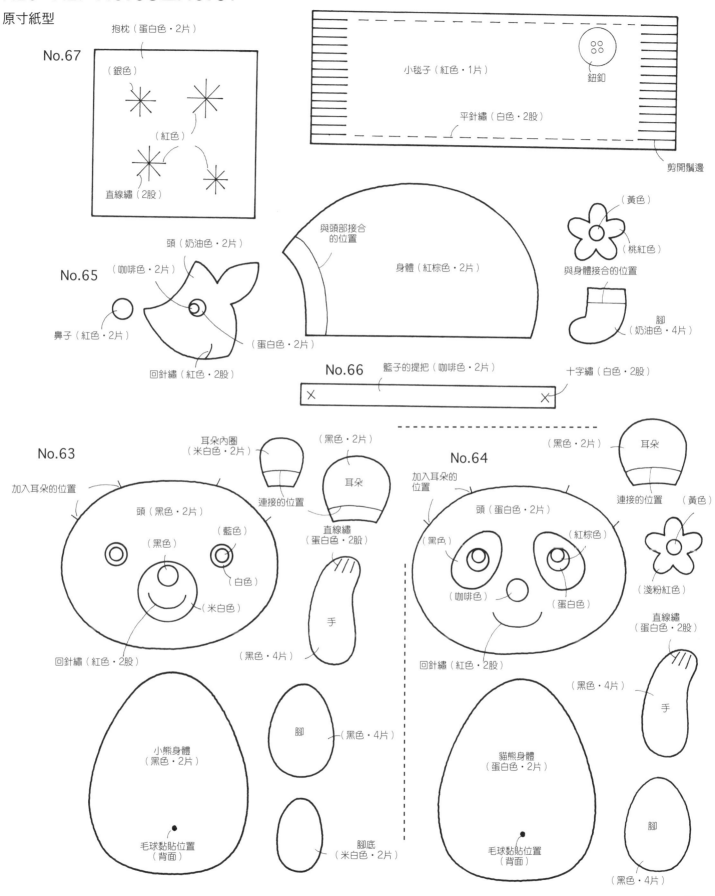

No.67

抱枕（蛋白色・2片）

（銀色）

（紅色）

直線繡（2股）

小毯子（紅色・1片）

鈕釦

平針繡（白色・2股）

剪開鬚邊

No.65

頭（奶油色・2片）

（咖啡色・2片）

與頭部接合的位置

身體（紅棕色・2片）

（黃色）

（桃紅色）

與身體接合的位置

腳（奶油色・4片）

鼻子（紅色・2片）

（蛋白色・2片）

回針繡（紅色・2股）

No.66

籃子的提把（咖啡色・2片）

十字繡（白色・2股）

No.63

耳朵內圈（米白色・2片）

（黑色・2片）

耳朵

連接的位置

直線繡（蛋白色・2股）

加入耳朵的位置

頭（黑色・2片）

（藍色）

（黑色）

（白色）

（米白色）

手

回針繡（紅色・2股）

（黑色・4片）

小熊身體（黑色・2片）

腳

（黑色・4片）

毛球黏貼位置（背面）

腳底（米白色・2片）

No.64

（黑色・2片）

耳朵

連接的位置

（黃色）

加入耳朵的位置

頭（蛋白色・2片）

（黑色）

（紅棕色）

（咖啡色）

（蛋白色）

（淺粉紅色）

直線繡（蛋白色・2股）

回針繡（紅色・2股）

（黑色・4片）

手

貓熊身體（蛋白色・2片）

腳

毛球黏貼位置（背面）

（黑色・4片）

No.65　毛線籃子

製作方法 以4號鉤針編織中細毛線，
縫上不織布提把。

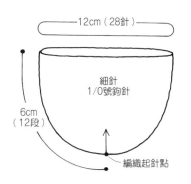

12cm（28針）

細針
1/0號鉤針

6cm
（12段）

編織起針點

編織圖

```
12…28針 ┐
  ～      │ 沒有增減
 5…28針 ┘
 4…28針 ┐
 3…21針 │ 每段增加7針
 2…14針 │
 1… 7針 ┘
 段
```

4/0號鉤針

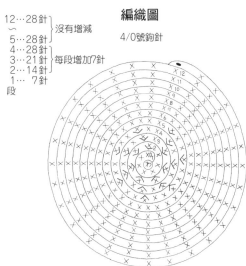

完成品

提把作法與P.53相同

放入毛線球

十字繡縫繡

1.5

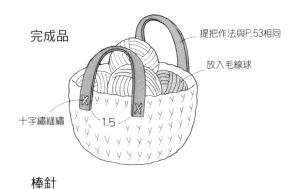

棒針

裁下前端　　牙籤　　剪掉

在珠子上沾上白
膠後插入。

5.5

No.27　蘋果籃子

製作方法 以4號鉤針編織中細毛線，
縫上不織布提把（參照P.53）

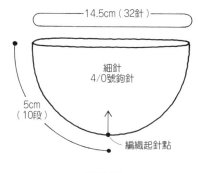

14.5cm（32針）

細針
4/0號鉤針

5cm
（10段）

編織起針點

編織圖

```
10…32針 ┐
  ～      │ 沒有增減
 5…32針 ┘
 4…32針 ┐
 3…24針 │ 每段增加8針
 2…16針 │
 1… 8針 ┘
 段
```

4/0號鉤針

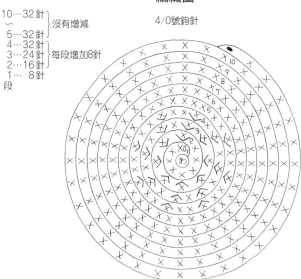

No.64

製作方法

以3號鉤針編織中細毛線。
取牙籤作出棒針後，
擺設出鉤針中的模樣。

紅色圍巾

編織圖

2針鬆緊針・3號針

□=|Ⅰ| 表針記號省略

2.5
cm
（11段）

```
         12
         10

          5

          1
```
→（起針點）

14　　10　　5　　1

←3.5cm（14針）→

黃色圍巾

花樣編・3號針

□=|Ⅰ| 表針記號省略

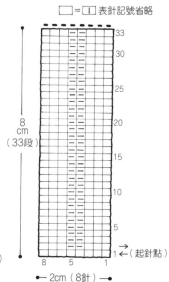

```
33
30

25

20

15

10

 5

 1
```
→（起針點）

8
cm
（33段）

8　　5　　1

←2cm（8針）→

┌─材料─┐ No.72

・不織布（抹茶綠）長20cm寬7cm
　（紅色・黑色）各少許
・25號繡線（抹茶綠・紅色・黑色・綠色）
・手工藝用棉花 適量

No.71

・不織布（淺咖啡色）長16cm寬10cm
　（米白色）長4cm寬4cm
　（咖啡色・紅色）各少許
・25號繡線（咖啡色・白色）
・直徑0.3cm的鈕釦2個（水藍色）
・手工藝用棉花 適量

No.74・No.75（合計）

・不織布（水藍色）長20cm寬8cm
　（紅色）長5cm寬3cm
　（灰色・黃綠色・黃色）各少許
・25號繡線（水藍色・灰色・白色）
・直徑1cm的棉球1個（紅色）
・手工藝用棉花 適量

No.72　┌─製作方法─┐　在葉子上裝飾貼花圖樣並繡出葉脈，再將兩片不織布對齊縫合，填入棉花。

完成！

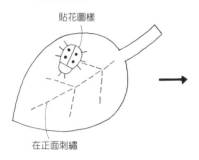

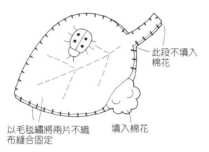

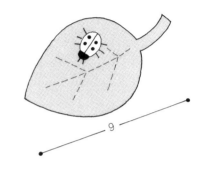

No.71　┌─製作方法─┐　正面製作出表情，貼上手、腳部件，背面縫上尾巴。
最後將前後兩片不織布對齊縫合，填入棉花。

完成！

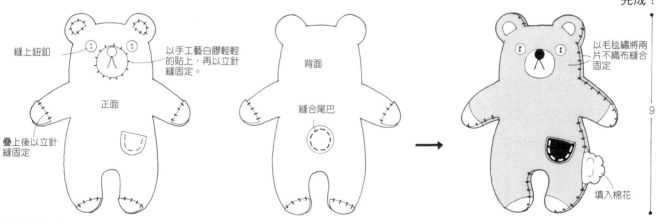

No.74　┌─製作方法─┐　雨傘／在傘面的正面貼上小圓點，完成骨架手把，最後將前後兩片不織布對齊縫合。
雨鞋／在雨靴的正面貼上小圓點，完成裝飾後，再將前後兩片不織布對齊縫合。

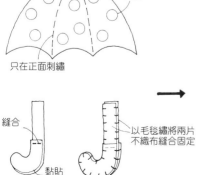

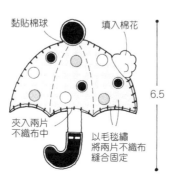

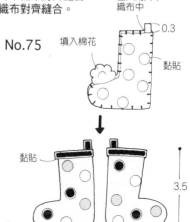

No.75

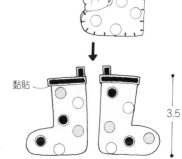

完成！

※除了特別指定之外，皆取1股繡線縫製。

製作方法 在正面的牆壁上加上屋頂、門、窗戶，再與背面牆壁縫合，填入棉花。

No.70

材料

・不織布（蛋白色）長15cm寬10cm
　　　　　（紅色）長15cm寬5cm
　　　　　（綠色）長4cm寬3cm
　　　　　（淺咖啡色）長3cm寬3cm
　　　　　（水藍色）長3cm寬3cm
・直條紋布 少許
・25號繡線（白色・紅色・淺咖啡色）
・手工藝用棉花 適量

原寸紙型請參照P.78

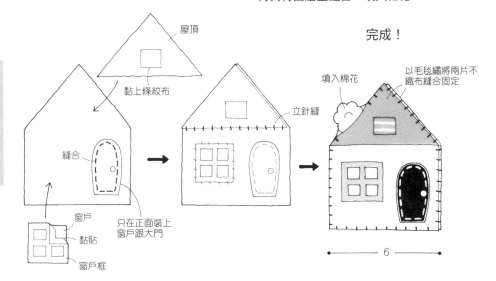

No.68

材料

・不織布（水藍色）長18cm寬8cm
　　　　　（黃色）長18cm寬4cm
　　　　　（蛋白色）長5cm寬3cm
　　　　　（淺咖啡色）長3cm寬2cm
　　　　　（淺黃色）少許
・格子布 少許
・25號繡線
　（水藍色・紅色・黃色・粉紅色・綠色）
・手工藝用棉花 適量

原寸紙型請參照P.78

製作方法 在正面的牆上刺繡，並加上屋頂、門、窗，再與背面縫合固定，填入棉花。

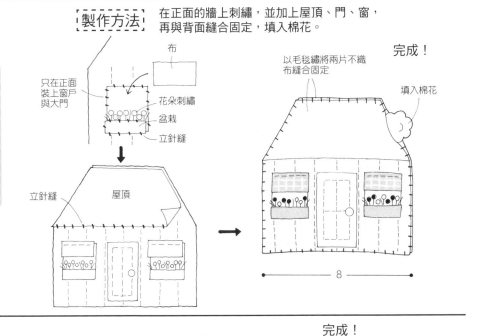

No.69

材料

・不織布（咖啡色）長20cm寬10cm
　　　　　（蛋白色）長8cm寬8cm
　　　　　（紅色）長4cm寬3cm
　　　　　（紅褐色）長3cm寬2cm
　　　　　（芥黃色・紅色・水藍色・黃綠色）
　　　　　各少許
・25號繡線（白色・咖啡色・粉紅色）
・手工藝用棉花 適量

原寸紙型請參照P.78

製作方法 先裝飾屋頂，再在正面牆壁上加上屋頂、窗戶與門。最後與背面縫合固定，填入棉花。

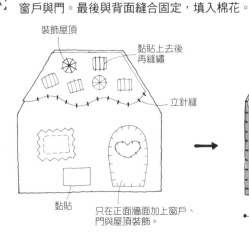

※除了特別指定之外，皆取1股繡線縫製。

No.79．No.80

材料

- 不織布（No.79水藍色／No.80紅色）
  長8cm寬10cm
  （白色）長4cm寬4cm
- 25號繡線（與不織布同色）
- 手工藝用棉花 適量

原寸紙型請參照P.80

製作方法 杯身正面縫上圓點，再將兩片不織布縫合固定，填入棉花。

填入棉花
手把部分
不填入棉花
只在杯身
正面作裝飾
以毛毯繡將兩片不織布縫合固定

完成！

4

No.76

材料

- 不織布（灰色）長8cm寬12cm
- 25號繡線（灰色．紅色）
- 手工藝用棉花 適量

原寸紙型請參照P.79

製作方法 將湯匙和叉子的兩片不織布各自縫合，塞入棉花。　完成！

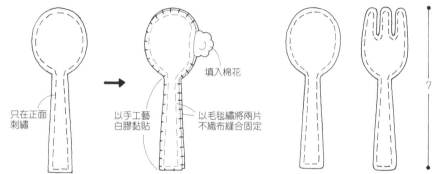

只在正面刺繡
填入棉花
以手工藝白膠黏貼
以毛毯繡將兩片不織布縫合固定

7

No.73

材料

- 不織布（紅色）長16cm寬4cm
- 25號繡線（白色．紅色）
- 毛線（紅色）
- 手工藝用棉花 適量

原寸紙型請參照P.79

製作方法 在正面刺繡後，將兩片不織布縫合、填入棉花。
再將編織毛線夾入手套間，完整縫合。　完成！

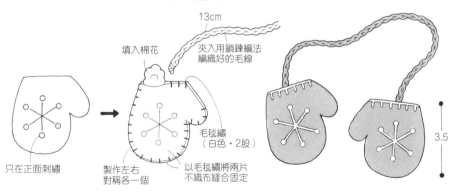

填入棉花
13cm
夾入用鎖鍊編法編織好的毛線
只在正面刺繡
製作左右對稱各一個
毛毯繡（白色．2股）
以毛毯繡將兩片不織布縫合固定

3.5

No.88

材料

- 不織布（淺咖啡色）長14cm寬5cm
- 25號繡線（咖啡色．淺咖啡色）
- 手工藝用棉花 適量

原寸紙型請參照P.78

製作方法 將兩片小餅乾重疊後以鋸齒狀剪刀裁剪。
小心對齊兩片不織布不要縫歪，縫合後填入棉花。　完成！

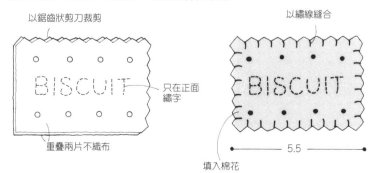

以鋸齒狀剪刀裁剪
只在正面繡字
重疊兩片不織布
以繡線縫合
填入棉花

5.5

※除了特別指定之外，皆取1股繡線縫製。

【材料】　No.77

・不織布（蛋白色）長8cm寬6cm
　　　　（黃色）長8cm寬14cm
・25號繡線（白色・黃色・咖啡色）
・手工藝用棉花 適量

原寸紙型請參照P.79

No.78

・不織布（蛋白色）長14cm寬6cm
　　　　（黃色）長3cm寬3cm
　　　　（抹茶綠）長3cm寬3cm
・25號繡線（白色・黃色・黑色）
・手工藝用棉花 適量

原寸紙型請參照P.80

No.81・No.82（共用）

・不織布（No.81淺咖啡色／No.82咖啡色）
　　　　長12cm寬7cm
　　　　（白色・藍色・黃色・紅色）各少許
・25號繡線（No.81淺咖啡色／No.82咖啡色）
・手工藝用棉花 適量
・0.3cm寬水兵帶 10cm
・吊飾掛線 12cm

原寸紙型請參照P.77

No.77　【製作方法】　完成正面刺繡後，將兩片不織布縫合固定，填入棉花。

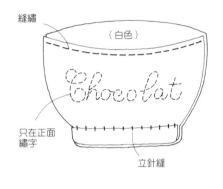

縫繡
（白色）

只在正面
繡字

立針縫

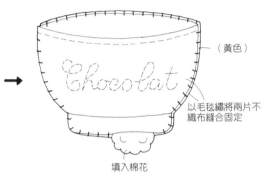

（黃色）

以毛毯繡將兩片不
織布縫合固定

填入棉花

完成！

Chocolat

|← 7.5 →|

No.78　【製作方法】　完成正面裝飾貼花後，將兩片不織布縫合固定，填入棉花。

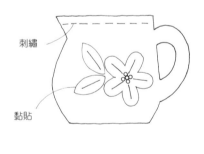

刺繡

黏貼

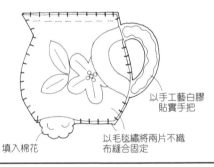

以手工藝白膠
貼實手把

以毛毯繡將兩片不織
布縫合固定

填入棉花

完成！

|← 6 →|

No.81・No.82　【製作方法】　在正面加上臉部表情、鈕釦、水兵帶，再將兩片不織布對齊縫合，填入棉花。

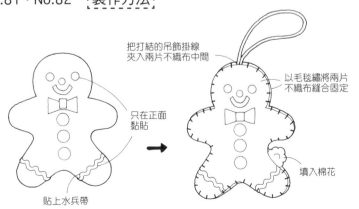

把打結的吊飾掛線
夾入兩片不織布中間

以毛毯繡將兩片
不織布縫合固定

只在正面
黏貼

填入棉花

貼上水兵帶

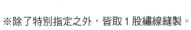

※除了特別指定之外，皆取1股繡線縫製。

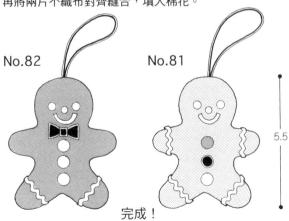

No.82　　No.81

5.5

完成！

材料	No.86	No.87	No.83	No.84	No.85
	・不織布 （咖啡色）長12cm寬6cm （白色）長6cm寬14cm （粉紅色）長4cm寬3cm ・圖案布標・薄布襯 各長5cm寬3cm ・25號繡線 （白色・粉紅色・咖啡色） ・手工藝用棉花 適量	・不織布 （米白色）長12cm寬6cm （咖啡色）長6cm寬4cm （各色）少許 ・圓點布・薄布襯 各長5cm寬3cm ・25號繡線 （米白色・咖啡色） ・手工藝用棉花 適量	・不織布 （淺米白色） 　長8cm寬4cm （桃紅色） 　長3cm寬3cm ・25號繡線 （淺米白色） ・手工藝珠子 7顆 ・手工藝用棉花 適量	・不織布 （咖啡色） 　長8cm寬4cm （各色）少許 ・25號繡線 （咖啡色） ・手工藝用棉花 適量	・不織布 （淺咖啡色） 　長8cm寬4cm （各色）少許 ・鉤紗毛線 ・25號繡線 （淺咖啡色） ・手工藝用棉花 適量

No.86・No.87原寸紙型請參照P.79　　　　No.83至No.85原寸紙型請參照P.77

No.86　製作方法　在蛋糕上貼上布料後，將兩片蛋糕主體的不織布對齊縫合，填入棉花後貼上裝飾。　　　完成！

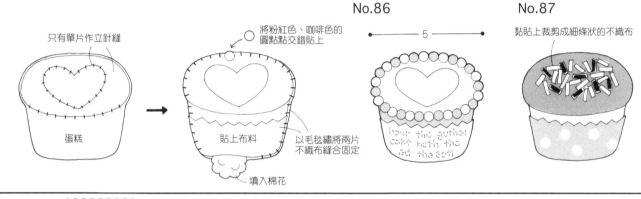

No.83　製作方法　縫合兩片甜甜圈主體不織布，填入棉花。再加入手工藝珠子、毛線、不織布等裝飾。　　　完成！

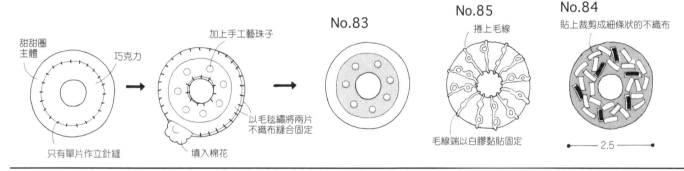

原寸紙型　No.81・No.82　　　　　　No.83・No.84・No.85

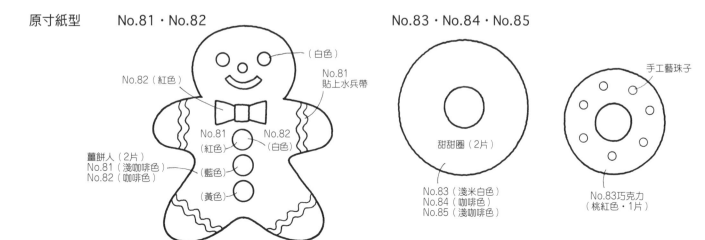

※除了特別指定之外，皆取1股繡線縫製。

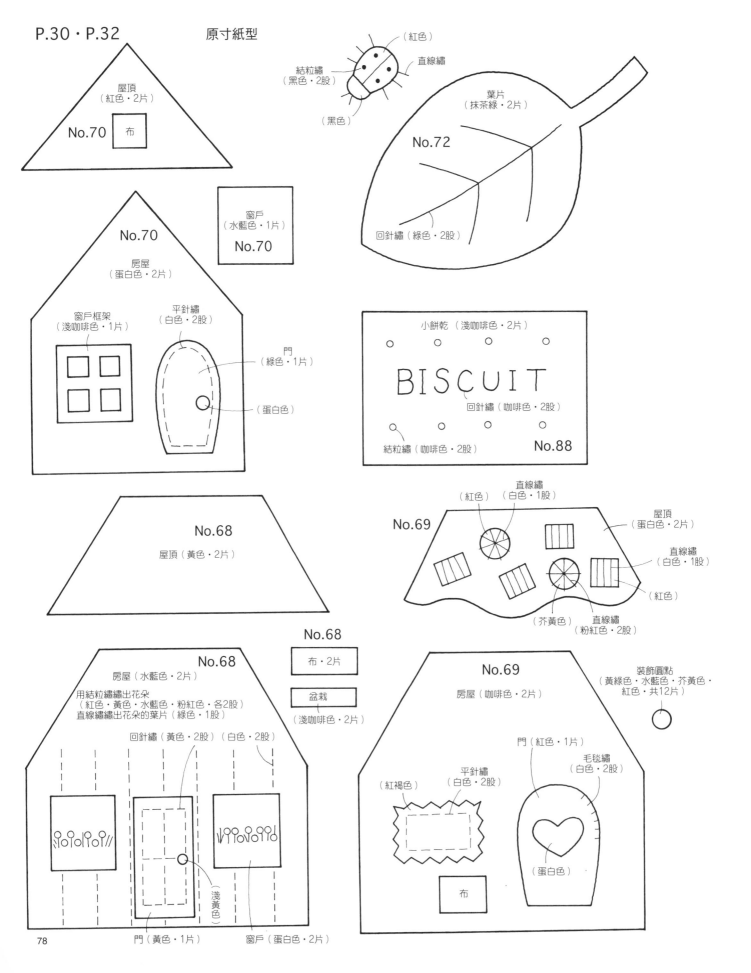

屋頂
（紅色・2片）
No.70　布

（紅色）
結粒繡
（黑色・2股）
直線繡
（黑色）

葉片
（抹茶綠・2片）
No.72
回針繡（綠色・2股）

No.70
窗戶
（水藍色・1片）
No.70

No.70
房屋
（蛋白色・2片）
窗戶框架
（淺咖啡色・1片）
平針繡
（白色・2股）
門
（綠色・1片）
（蛋白色）

小餅乾（淺咖啡色・2片）
BISCUIT
回針繡（咖啡色・2股）
結粒繡（咖啡色・2股）
No.88

No.68
屋頂（黃色・2片）

直線繡
（紅色）（白色・1股）
No.69
屋頂
（蛋白色・2片）
直線繡
（白色・1股）
（紅色）
（芥黃色）
直線繡
（粉紅色・2股）

No.68
布・2片
盆栽
（淺咖啡色・2片）

No.68
房屋（水藍色・2片）
用結粒繡繡出花朵
（紅色・黃色・水藍色・粉紅色・各2股）
直線繡繡出花朵的葉片（綠色・1股）
回針繡（黃色・2股）（白色・2股）
門（黃色・1片）
窗戶（蛋白色・2片）
（淺黃色）

No.69
房屋（咖啡色・2片）
裝飾圓點
（黃綠色・水藍色・芥黃色・
紅色・共12片）
門（紅色・1片）
毛毯繡
（白色・2股）
（紅褐色）
平針繡
（白色・2股）
（蛋白色）
布

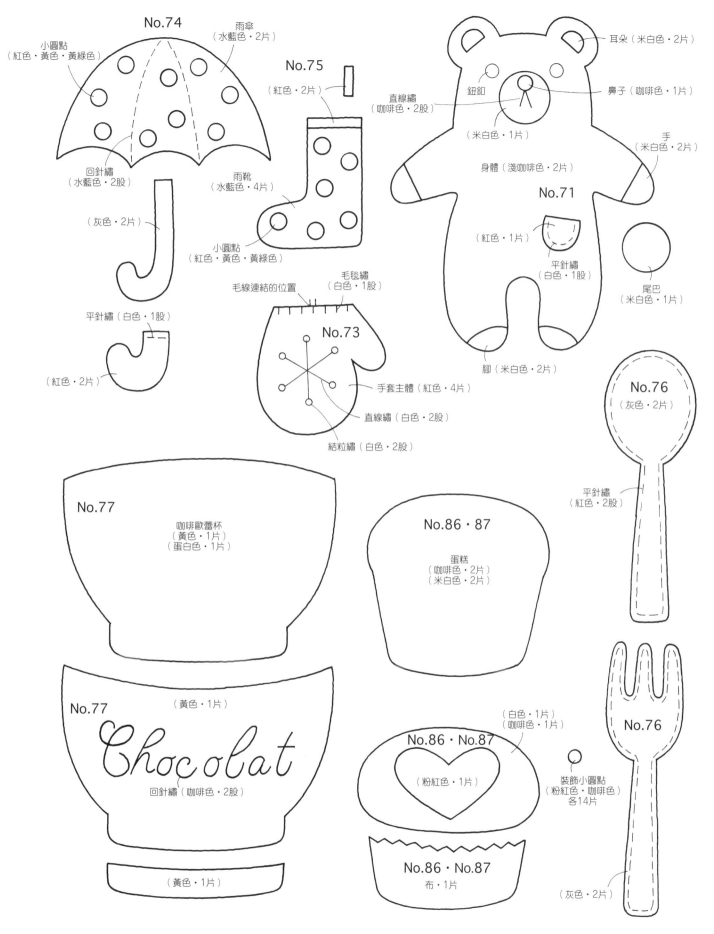

No.74
小圓點
（紅色・黃色・黃綠色）
雨傘
（水藍色・2片）

No.75
（紅色・2片）

直線繡
（咖啡色・2股）
耳朵（米白色・2片）
鈕釦
鼻子（咖啡色・1片）

回針繡
（水藍色・2股）
雨靴
（水藍色・4片）
（米白色・1片）
手
（米白色・2片）

（灰色・2片）
身體（淺咖啡色・2片）

小圓點
（紅色・黃色・黃綠色）
（紅色・1片）

No.71

平針繡（白色・1股）
毛線連結的位置
毛毯繡
（白色・1股）
平針繡
（白色・1股）
尾巴
（米白色・1片）

No.73
（紅色・2片）
手套主體（紅色・4片）
直線繡（白色・2股）
結粒繡（白色・2股）
腳（米白色・2片）

No.76
（灰色・2片）

No.77
咖啡歐蕾杯
（黃色・1片）
（蛋白色・1片）
No.86・87
蛋糕
（咖啡色・2片）
（米白色・2片）
平針繡
（紅色・2股）

No.77
（黃色・1片）
Chocolat
回針繡（咖啡色・2股）
（白色・1片）
（咖啡色・1片）
No.86・No.87
（粉紅色・1片）
裝飾小圓點
（粉紅色・咖啡色）
各14片
No.76

（黃色・1片）
No.86・No.87
布・1片
（灰色・2片）

No.78

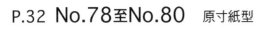
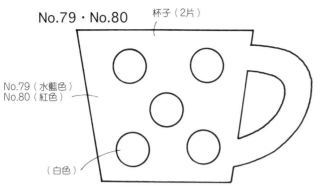
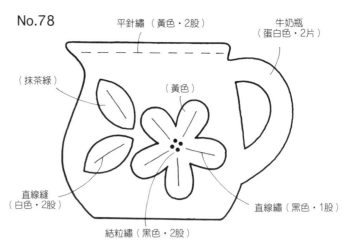

No.79・No.80

杯子（2片）

No.79（水藍色）
No.80（紅色）

（白色）

平針繡（黃色・2股）
牛奶瓶（蛋白色・2片）

（抹茶綠）
（黃色）

直線縫（白色・2股）
結粒繡（黑色・2股）
直線繡（黑色・1股）

製作俄羅斯娃娃的基本常識

不織布
材料主要為聚脂纖維與壓克力樹脂，本書中皆使用無接著膠的普通不織布。

18cm至20cm
不織布
※無正反之分
厚度約1mm
—18cm至20cm—

繡線
一般以與不織布相同顏色的繡線1股來縫製。小圓圈圈或花朵等簡單的小部件不需用繡線縫繡，以手工藝白膠黏貼就可以了。如果想要讓它更加牢固，就在白膠黏貼完成後再以繡線縫合固定。

取出線頭
6股為1束
25號繡線
1股
打結
9號刺繡針
2股
8號刺繡針

紙型的運用
書本上的紙型有重疊的部分，將需要的部件紙型用影印的方式直接裁剪下來，或以透明紙轉寫下來製作皆可。

紙型

布襯的使用方式
選用薄型不織布時，將薄布襯以熨斗燙貼在不織布上，作為補強。
本書提到使用一般布料時，可先在布的內面燙貼上布襯，再裁剪成各個部件。

有接著膠的那一面（正面呈現光亮感）
布的背面（裡側）
放上布襯
低溫熨斗按壓，使布襯與布面黏著。

縫法 & 刺繡

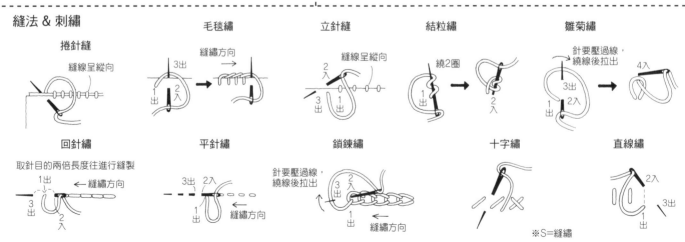

捲針縫　毛毯繡　立針縫　結粒繡　雛菊繡
回針繡　平針繡　鎖鍊繡　十字繡　直線繡

趣•手藝 17

繪本風の不織布創作
可愛又華麗的俄羅斯娃娃&動物玩偶

作　　　者／北向邦子
譯　　　者／鄭純綾
發 行 人／詹慶和
總 編 輯／蔡麗玲
執行編輯／陳姿伶
編　　　輯／林昱彤・蔡毓玲・劉蕙寧・詹凱雲・黃璟安
封面設計／周盈汝
美術編輯／陳麗娜・李盈儀
內頁排版／造極
出 版 者／Elegant-Boutique新手作
發 行 者／悅智文化事業有限公司 郵政劃撥帳號／19452608
戶　　　名／悅智文化事業有限公司
地　　　址／220新北市板橋區板新路206號3樓
網　　　址／www.elegantbooks.com.tw
電子郵件／elegant.books@msa.hinet.net
電　　　話／(02)8952-4078
傳　　　真／(02)8952-4084

2013年8月初版一刷　定價280元

Lady Boutique Series No.3530
FELT NO CHIISANA MATRYOSHKA TO MASCOT
Copyright © 2013 BOUTIQUE-SHA
All rights reserved.
Original Japanese edition published in Japan by BOUTIQUE-SHA.
Chinese（in complex character）translation rights arranged with BOUTIQUE-SHA
through KEIO CULTURAL ENTERPRISE CO.,LTD.

經銷／高見文化行銷股份有限公司
地址／新北市樹林區佳園路二段70-1號
電話／0800-055-365　　傳真／(02)2668-6220
星馬地區總代理：諾文化事業私人有限公司
新加坡／Novum Organum Publishing House (Pte) Ltd.
20 Old Toh Tuck Road, Singapore 597655.
TEL： 65-6462-6141　　FAX：65-6469-4043
馬來西亞／Novum Organum Publishing House (M) Sdn. Bhd.
No. 8, Jalan 7/118B, Desa Tun Razak, 56000 Kuala Lumpur, Malaysia
TEL：603-9179-6333　　FAX：603-9179-6060

國家圖書館出版品預行編目(CIP)資料

繪本風の不織布創作.可愛又華麗的俄羅斯娃娃&動
物玩偶 / 北向邦子著；鄭純綾譯. -- 初版. -- 新北市：
新手作出版：悅智文化發行, 2013.08
　　面；　公分. -- (趣.手藝；17)
ISBN 978-986-5905-33-0(平裝)

1.玩具 2.手工藝

426.78　　　　　　　　　　　102013956

Elegantbooks
以閱讀，
享受幸福生活

趣・手藝 01

雜貨迷の魔法橡皮章圖案集
mizutama・mogerin・yuki◎著
定價280元

趣・手藝 02

大人&小孩都會縫的90款
馬卡龍可愛吊飾
BOUTIQUE-SHA◎著
定價240元

趣・手藝 03

超Q不織布吊飾就是可愛
嘛！
BOUTIQUE-SHA◎著
定價250元

趣・手藝 04

138款超簡單不織布小玩偶
BOUTIQUE-SHA◎著
定價280元

趣・手藝 05

600+枚馬上就好想刻の
可愛橡皮章
BOUTIQUE-SHA◎著
定價280元

趣・手藝 06

好想咬一口！
不織布的甜蜜午茶時間
BOUTIQUE-SHA◎著
定價280元

趣・手藝 07

剪紙x創意x旅行！
剪剪貼貼看世界！154款世
界旅行風格剪紙圖案集
Iwami Kai◎著
定價280元

趣・手藝 08

動物・雜貨・童話故事：80
款一定要擁有的童話風紙
片圖案集－用不織布來作超
可愛的刺繡吧！
Shimazukaori◎著
定價280元

趣・手藝 09

刻刻！蓋蓋！一次學會700個
超人氣橡皮章圖案
naco◎著
定價280元

趣・手藝 10

女孩の微幸福，花の手作
－39枚零碼布作的布花飾
品
BOUTIQUE-SHA◎著
定價280元

趣・手藝 11

3.5cm×4cm×5cm甜點變
身！大家都愛的馬卡龍吊飾
BOUTIQUE-SHA◎著
定價280元

趣・手藝 12

超圖解！手拙族初學
毛根迷你動物的26堂基礎
課
異想熊・KIM◎著
定價300元

趣・手藝 13

動手作好好玩的56款寶貝の
玩具：不織布×瓦楞紙×零
碼布：生活素材大變身！
BOUTIQUE-SHA◎著
定價280元

趣・手藝 14

隨手可摺紙雜貨：75招超便
利回收紙應用提案
BOUTIQUE-SHA◎著
定價280元

趣・手藝 15

超萌手作！歡迎光臨黏土動
物園挑戰可愛極限的居家實
用小物65款
幸福豆手創館（胡瑞娟 Regin）◎著
定價280元

趣・手藝 16

166枚好感系×超簡單創意
剪紙圖案集：摺！剪！開！完
美剪紙3 Steps
室岡昭子◎著
定價280元

輕・布作 01

親手作・隨身背の輕和風緞
帶拼接包
BOUTIQUE-SHA◎著
定價280元

輕・布作 02

換持手變多款
一學就會の吸睛個性包
BOUTIQUE-SHA◎著
定價280元

輕・布作 03

親手縫・一枚裁
38款布提包&布小物
高橋惠美子◎著
定價280元

輕・布作 04

不用紙型也ok！
馬上就能動手作的
時髦布小物
BOUTIQUE-SHA◎著
定價280元

輕・布作 05

自己作第一件洋裝&長版衫
BOUTIQUE-SHA◎著
定價280元

輕・布作 06

簡單×好作！自己作365天都
好穿的手作裙
BOUTIQUE-SHA◎著
定價280元

輕・布作 07

自己作防水手作包&布小物
BOUTIQUE-SHA◎著
定價280元

輕・布作 08

不用轉彎！直車下去就對了！
直線車縫就上手的手作包
BOUTIQUE-SHA◎著
定價280元

雅書堂文化事業有限公司
22070新北市板橋區板新路206號3樓
facebook 粉絲團:搜尋 雅書堂
部落格 http://elegantbooks2010.pixnet.net/blog
TEL:886-2-8952-4078 · FAX:886-2-8952-4084

輕·布作 09

人氣No.1!初學者最想作的手
作布錢包A+:一次學會短夾、
長夾、立體造型、L型、雙拉
鍊、肩背式錢包!
日本Vogue社◎著
定價300元

輕·布作 10

家用縫紉機OK!自己作不退
流行的帆布手作包
赤峰清香◎著
定價300元

輕·布作 11

簡單作×開心縫!手作異想熊
裝可愛
異想熊·KIM◎著
定價350元

輕·布作 12

手作市集超夯布作全收錄!
簡單作可愛&實用的超人氣布
小物232款
BOUTIQUE-SHA◎著
定價320元

輕·布作 13

Yuki教你作34款Q到不行的不
織布雜貨
不織布就是裝可愛!
YUKI◎著
定價300元

輕·布作 14

一次解決縫紉新手的入門難
題:每日外出包×布作小物×
手作服=29枚實作練習初學
手縫布作的最強聖典!
高橋惠美子◎著
定價350元

輕·布作 15

手縫OK的可愛小物:55個零
碼布驚喜好點子
主婦與生活社◎著
定價280元

樂 鉤織 01

全圖解·完全不敗!
從起針開始學鉤織
BOUTIQUE-SHA◎著
定價300元

樂 鉤織 02

親手鉤我的第一件夏紗背心
BOUTIQUE-SHA◎著
定價280元

樂 鉤織 03

勾勾手,我們一起學蕾絲鉤
織(暢銷新裝版)
BOUTIQUE-SHA◎著
定價280元

樂 鉤織 04

變花樣&玩顏色!親手鉤出好
穿搭的鉤織衫&配飾
BOUTIQUE-SHA◎著
定價280元

樂 鉤織 05

一眼就愛上的蕾絲花片!
111款女孩最愛的蕾絲鉤織
小物集
Sachiyo Fukao◎著
定價280元

樂 鉤織 06

初學鉤針編織的最強聖典!
一次解決初學鉤織的入門難
題:95款針法記號×45個實
戰技巧×20枚實作練習
日本Vogue社◎著
定價350元

樂 鉤織 07

48款手作人最愛的復刻感蕾
絲鉤片甜美蕾絲鉤織小物集
日本Vogue社◎著
定價320元

樂 鉤織 07

好好玩の梭編蕾絲小物:讓
新手也能完美達成不NGの3
Steps梭子編織基本功
盛本知子◎著
定價320元

玩·毛氈 01

好運定番!招福又招財的和
風羊毛氈小物
FUJITA SATOMI◎著
定價280元